AIRE

AF475211

GUIDE PRATIQUE

DU

NAVIGATEUR

Imp. du Commerce — ALPH. LEMALE — quai d'Orléans, 9.

GUIDE PRATIQUE

DU

NAVIGATEUR

CONTENANT

LES MODÈLES DE TOUS LES CALCULS ASTRONOMIQUES USITÉS A LA MER

Avec notes dans le Texte, expliquant la manière d'opérer dans tous les cas particuliers

LA CARTE DU CIÉL

ET

Une Notice donnant la description et la position des Principales Constellations

SUIVI

De Tables pour faciliter les Calculs les plus usuels, de Tables pour faire le Point, etc.

PAR

L. TAPIÉ

Professeur de Mathématiques, ancien Officier de la Marine Militaire

HAVRE

Théodule COCHARD, Éditeur Libraire

SEUL DÉPOSITAIRE DES CARTES DE LA MARINE IMPÉRIALE

Rue des Drapiers, 29

1856

2.

SOMMAIRE

PRÉLIMINAIRES.

DE L'ESTIME.

DU POINT.

CONNAISSANCE DES TEMPS.

CORRECTION DES HAUTEURS.

PASSAGES AU MÉRIDIEN.

SOMMAIRE.

LEVERS ET COUCHERS DES ASTRES.

AURORE ET CRÉPUSCULE.

PASSAGES AU PREMIER VERTICAL.

CAS OU L'ANGLE DE POSITION EST DROIT.

VARIATION DU COMPAS.

PROBLÈMES SUR LES CHRONOMÈTRES.

DES LATITUDES.

DES LONGITUDES.

CONNAISSANCE DU CIEL.

ERRATA.

Pages	Lignes	au lieu de	Lisez.
VI	30	variat. $19^{o}\ 00'$ à gauche........................	à droite.
VII	28	Dérive 8° T..	20° T
XI	27	on a gouverné au N 66° E du compas..	N 70° E
id.	31	Route au compas. N 66° E à droite......	N 70° E
XV	24	heure de Paris le 11 $11^{h}\ 39^{m}\ 24^{s}$	le 11 $15^{h}\ 39^{m}\ 24^{s}$.
11	29	Equateur du temps	équation du temps
13	18	le dernier demi-diamètre........................	le demi-diamètre.
44	16	T. M. à midi vrai $15^{h}\ 55^{m}\ 10^{s}, 60$	$11^{h}\ 55^{m}\ 10^{s}, 60$
59	31	$x = \frac{\cos. l \cos. d}{\cos. h} + \frac{2 \sin.^2 \frac{P}{2}}{\sin. 1''}$	$x = \frac{\cos. l \cos. d}{\cos. h} \times \frac{2 \sin.^2 \frac{P}{2}}{\sin. 1''}$
74	22	$23^{h}\ 50^{m}\ 40^{s}, 5$	$23^{h}\ 55^{m}\ 40^{s}, 5$

PRÉLIMINAIRES

OPÉRATIONS SUR LES NOMBRES SEXAGÉSIMAUX

1. — Réduction d'un nombre sexagésimal en unités de la plus petite espèce.

Les nombres sexagésimaux sont ceux dans lesquels l'unité se subdivise en parties de 60 en 60 fois plus petites. Ainsi, le jour étant composé de 24 heures, chaque heure se divise en 60 parties égales nommées *minutes :* la minute en 60 parties égales nommées *secondes*, etc. Il en est de même des parties de circonférences : après avoir partagé la circonférence en 360 parties égales nommées *degrés*, on divise chaque degré en 60 parties égales nommées *minutes ;* chaque minute en 60 parties égales nommées *secondes*, etc.

Ceci posé, *soit proposé de réduire en secondes le nombre* $2^h\,25^m\,43^s$.

On réduira d'abord les heures en minutes, en multipliant ces heures par 60. Ainsi 2 heures valent 120 minutes : ajoutant à ces 120 minutes les 25 minutes qui accompagnent les heures, on obtiendra 145 minutes : on peut donc dire que le nombre proposé équivaut à 145 minutes plus 43 secondes. Multipliant ensuite les 145 minutes par 60, on obtiendra 8700 pour le nombre de secondes correspondantes : ajoutant à ces 8700 secondes les 43 secondes qui accompagnent 145 minutes, on obtiendra 8743 secondes pour le nombre de secondes demandées.

2. — Réciproquement.

Soit proposé de trouver le nombre de degrés, minutes et secondes contenus dans 10472''.

Puisque 60 secondes font une minute, il est clair qu'en divisant le nombre proposé par 60, on obtiendra le nombre de minutes qu'il contient. En effectuant cette division, on trouve 174 pour quotient et 32 pour reste : donc, dans 10472 secondes il y a 174 minutes plus 32 secondes : mais puisqu'il ne faut que 60 minutes pour faire un degré, en divisant 174 par 60, on trouvera que dans ces 174 minutes il y a 2 degrés et 54 minutes. Donc, le nombre proposé équivaut à 2 degrés 54 minutes 32 secondes.

Remarque. — Nous venons de dire que pour extraire le nombre de degrés contenus dans un nombre tel que 275 minutes, par exemple, il suffisait de diviser ce nombre par 60 : or il est clair que pour obtenir le quotient de cette division, il suffit de diviser par 6 les dixaines du nombre proposé. Ainsi, en prenant le 6e de 27 on trouve 4 pour quotient et 3 dixaines pour reste : ce nombre de dixaines joint aux 5 unités du nombre proposé donnent un reste total de 35 minutes : donc le nombre proposé contient 4 degrés et 35 minutes. Cette règle s'applique aussi à l'extraction des minutes contenues dans un nombre de secondes.

3. — Addition.

Pour additionner les nombres sexagésimaux, on les écrit les uns au-dessous des autres de manière que les unités de même espèce se correspondent. On ajoute ensuite les unités de plus petite espèce et l'on écrit la somme au-dessous des unités correspondantes, lorsque cette somme est moindre que 60, ainsi que cela a lieu dans les deux premiers exemples : mais si cette somme est plus grande que 60, on extrait les minutes ainsi qu'il a été dit plus haut, on écrit le nombre de

2^h	20^m	16^s	21°	12'	13"	1^h	26^m	41^s	31°	45'	38"
1	11	21	13	21	25	3	43	26	42	38	22
3	06	17	32	15	10	2	28	32	6	24	55
6	37	54	66	48	48	7	38	39	80	48	55

secondes restantes à la colonne des secondes, et l'on reporte les minutes extraites à la colonne précédente pour les ajouter aux minutes de cette colonne. C'est ainsi que dans le dernier exemple la somme des secondes étant 115, on pose 55 et l'on retient une minute, parce que dans 115 secondes il y a une minute et 55 secondes. On opère de la même manière sur la colonne des minutes.

4. — Soustraction.

Pour soustraire deux nombres sexagésimaux, on écrit ces deux nombres l'un au-dessous de l'autre, de manière que les unités de même espèce se correspondent, et on effectue la soustraction en opérant séparément sur les unités de même espèce, ainsi qu'on le voit sur les exemples suivants :

34°	28'	52"	12^h	42^m	51^s	25°	22'	19"	12^h	00^m	00^s
12	17	31	7	28	19	11	45	32	3	25	33
22	11	21	5	14	32	13	36	47	8	34	27

Dans les deux premiers exemples l'opération se fait sans difficulté ; on prend d'abord l'excès des secondes du nombre supérieur sur les secondes du nombre inférieur, et l'on écrit le reste au-dessous des secondes : on opère ensuite de la même manière sur les minutes, puis sur les degrés.

Dans le troisième et le quatrième exemple l'opération demande une explication. Dans le troisième exemple, les secondes du nombre supérieur étant moindres que celles du nombre inférieur, on emprunte 1' sur les 22' qui précèdent, et l'on joint cette minute valant 60" aux 19" de ce nombre, ce qui donne 79" d'où l'on retranche les 32" du nombre inférieur. On peut faire ici une remarque analogue à celle qui a déjà été faite (nº 2) ; c'est que l'emprunt de 1' revient à un emprunt de 6 dixaines de secondes : on peut donc commencer la soustraction par le chiffre des unités et ne s'occuper de l'emprunt qu'après cette première opération. En conséquence on dira : 2 de 9 il reste 7 ; 3 de 1 cela ne se peut ; j'emprunte 1' qui vaut 6 (dixaines de secondes) qui jointes à 1 donnent 7 dixaines de secondes ; puis, 3 de 7 il reste 4. Passant ensuite aux minutes, on dira 5 de 1 (on ne doit plus compter que 21' puisque sur les 22' on a emprunté 1') cela ne se peut ; j'emprunte une dixaine de minute qui vaut 10 unités, qui, jointes à 1', donnent 11' ; puis, 5 de 11 il reste 6 : 4 de 1 (parce qu'on vient d'emprunter 1 sur les 2 dixaines) cela ne se peut ; j'emprunte 1º qui vaut 6 dixaines de minutes, qui, jointes à la dixaine restante, donnent 7 ; puis, 4 de 7 il reste 3. Passant ensuite aux degrés, on dit : 1 de 4 il reste 3 ; 1 de 2 il reste 1. Le reste de la soustraction est donc 13º 36' 47". On opère de la même manière sur le 4e exemple.

5. — Multiplication.

Pour multiplier un nombre sexagésimal par un nombre entier, on multiplie séparément chacune des parties sexagésimales en commençant par les plus petites, en ayant soin de tenir compte des retenues comme il est dit dans ce qui précède.

Multiplicandes.	3h	49m	57s	11°	44'	52"	5°	38'	16"	7°	51'	15"
Multiplicateurs.			3			4			6			8
Produits.	11	29	51	46	59	28	33	49	36	62	50	00

Dans le premier exemple on dira : 3 fois 7 font 21 ; je pose 1 et retiens 2 dixaines : 3 fois 5 font 15, qui, avec les 2 dixaines retenues, font 17 dixaines ; mais dans 17 il y a 2 fois 6 plus 5, je pose donc 5 dixaines et je retiens 2 fois 6 dixaines, c'est-à-dire 2m : 3 fois 9 font 27, qui, ajoutés aux 2 minutes retenues, font 29m ; je pose donc 9m et retiens 2 dixaines : 3 fois 4 font 12, qui, avec les 2 dixaines retenues, font 14 dixaines : mais dans 14 dixaines il y a 2 fois 6 plus 2 ; je pose donc 2 dixaines et retiens 2 fois 6 dixaines, c'est-à-dire 2h, etc.

Remarque. — Pour multiplier un nombre sexagésimal par 60, ou pour le rendre 60 fois plus grand, il suffit de faire exprimer aux parties sexagésimales des unités de l'ordre immédiatement supérieur : c'est-à-dire de changer les secondes en minutes, les minutes en degrés ou en heures.

Ainsi les nombres.............	34m	25s	5'	12"	17'''	12",5
multipliés par 60, donnent.........	34h	25m	5°	12'	17"	12',5

6. — Division.

Pour diviser un nombre sexagésimal par un nombre entier, il suffit d'appliquer la règle inverse de la multiplication, c'est-à-dire de diviser séparément chacune des parties, en commençant l'opération par la gauche du nombre.

Soient.......	33°	45'	28"	9h	58m	48s	5°	35'	25"		24°	42'	11"	
à diviser par.......	2			4			6				5			
	16°	52'	44"	2h	29m	42s	0°	55'	54"	10'''	4°	56'	26"	12'''

La première division s'effectue en disant : la moitié de 3 est 1, et il reste une dixaine qui vaut 10 unités ; en joignant ces 10 unités aux 3° qui suivent, on obtient 13° dont la moitié est 6 pour 12 ; il reste donc 1° qui vaut 6 dixaines de minutes ; joignant ces 6 dixaines de minutes aux 4 dixaines de minutes qui suivent, on obtient 10 dixaines, dont la moitié est 5 : la moitié de 5' est 2' pour 4 ; il reste donc 1' qui vaut 6 dixaines de secondes ; joignant ces 6 dixaines de secondes aux 2 dixaines de secondes qui suivent, on obtient 8 dixaines dont la moitié est 4 : la moitié de 8" est 4.

Dans le 3e exemple on dira : le sixième de 5° n'est pas ; je pose zéro : il reste 5° qui valent 5 fois 6 dixaines ou 30 dixaines de minutes, qui, jointes aux 3 dixaines de minutes qui suivent, donnent 33 dixaines, dont le sixième est 5 pour 30 ; il reste par conséquent 3 dixaines, qui, avec les 5' qui suivent, donnent 35' dont le sixième est 5 pour 30', et il reste 5' : ces 5' restantes valent 5 fois 6 dixaines ou 30 dixaines de secondes, qui, jointes aux 2 dixaines de secondes qui suivent, donnent 32 dixaines dont le sixième est 5 pour 30 ; il reste par conséquent 2 dixaines, qui, avec les 5" qui suivent donnent 25" dont le sixième est 4 pour 24 et il reste 1" : cette seconde restante vaut 6 dixaines de tierces, dont le sixième est une dixaine de tierce ou 10'''. Le quotient de la division est donc exprimé par 0° 55' 54" 10'''.

Remarque. — Pour diviser un nombre sexagésimal par 60, il suffit de faire exprimer aux différentes parties sexagésimales des parties 60 fois plus petites, c'est-à-dire de changer les degrés ou heures en minutes, les minutes en secondes, etc.

Ainsi, les quotients de......	5°	$13'$	$20''$	8^h	17^m	52^s	30°	$43'$	$28''$	5^h	00^m	11^s
par 60												
sont......	$5'$	$13''$	$20'''$	8^m	17^s	52^t	$30'$	$43''$	$28'''$	5^m	00^s	11^t

7. — Réduire en parties décimales d'heure ou de degré un nombre quelconque de minutes, secondes, etc.

Pour réduire en décimales les subdivisions de degrés ou d'heures, on remarquera que puisque 60' font 1°; 6' répondent à 1 dixième de degré : donc, dans un nombre quelconque de minutes, il y a autant de dixièmes de degré que ce nombre contient de fois 6'. Ainsi 36' équivalent à 0°, 6 ; 24' à 0°, 4 ; 48^m à 0^h, 8.

De même en divisant par 6 un nombre quelconque de secondes, on obtient des dixièmes de minutes, etc.

Soit proposé de convertir en décimales le nombre $5^h\ 24^m\ 36^s$.

On divisera d'abord par 6 les secondes pour les convertir en dixièmes de minutes, et l'on obtiendra : $5^h\ 24^m\ 36^s = 5^h\ 24^m, 6$: divisant ensuite par 6 les minutes et décimales de minutes, on obtiendra les décimales de degrés équivalentes : ainsi $5^h\ 24^m, 6 = 5^h, 41$.

Soit encore proposé de réduire en décimales le nombre 8° 52' 45".

On obtiendra en suivant le même précepte : $8^\circ\ 52'\ 45'' = 8^\circ\ 52', 75 = 8^\circ, 8791$ à moins de 1 millième.

8. — Réciproquement.

Pour convertir en minutes, secondes, etc, une fraction décimale d'heure ou de degré, il suffit de multiplier cette fraction par 60; opération qui se fait en multipliant par 6 cette fraction décimale et en transportant ensuite la virgule d'un rang sur la droite : la fraction se trouve ainsi convertie en minutes et parties décimales de minutes. Opérant de la même manière sur les parties décimales de minutes, on obtiendra des secondes et parties décimales de secondes, etc.

Soit proposé de décomposer en degrés, minutes et secondes le nombre fractionnaire décimal 3°, 254.

Ce nombre se compose de 3° + 0, 254. En multipliant la fraction décimale par 6 et en transportant la virgule sur la droite, on obtient 15', 24.

Le nombre proposé équivaut donc à 3° 15', 24.

Pour convertir en secondes la fraction décimale 0', 24 on multipliera cette fraction par 6 et on portera la virgule d'un rang sur la droite, ce qui donnera 14" 4.

Le nombre proposé équivaut donc à 3° 15' 14", 4.

DE L'ESTIME

DIRECTION DE LA ROUTE

9. — Angle de route.

L'angle de route est formé par la ligne Nord et Sud du monde et la direction suivie par le navire. Il est facile de trouver cet angle lorsque l'air de vent vers lequel on se dirige est connu : il suffit pour cela de compter le nombre de *rhumbs* ou *d'airs de vent* compris depuis le Nord ou le Sud jusqu'à l'air de vent auquel on gouverne, et de multiplier ce nombre par 11° 15' qui est l'angle compris entre deux rhumbs consécutifs.

Exemple 1 : Quel est l'angle de route qui répond au O S O 2° O?

Chaque rhumb vaut	11° 15'
Du S au O S O il y a 6 quarts	6
Du S au O S O il y a donc	67 80
Comme le rhumb que nous considérons est de 2° au-delà du O S O	+ 2°
L'angle de route demandé est donc	S 69° 80' O

Exemple 2 : Quel est l'angle de route qui répond au N E ½ E?

Chaque rhumb vaut	11° 15'
Du N au N E il y a 4 quarts	4
Du N au N E il y a donc	45 00
Comme le rhumb que nous considérons est ½ quart plus près du N, on retranchera de cet angle la valeur de ½ quart qui est	5 37
Angle de route demandé	N 39° 23 E.

10. — Réciproquement.

Etant donné l'angle de route, trouver l'air de vent qui lui correspond.

Le moyen le plus simple et le plus commode de résoudre cette question, consiste à se rappeler qu'à partir de la méridienne, les intervalles des quarts, comptés de deux en deux, sont de 22° 30', 45°, 67° 50' et 90°.

Supposons, par exemple, que l'on demande l'air de vent correspondant au N 56° 15' O. On réfléchira que l'angle du N O est de 45° ; que du N O au N 56° 15' O, il y a encore 11° 15', valeur d'un rhumb de vent, on verra que le rhumb demandé est le N O ¼ O.

11. — Variation.

Si l'aiguille aimantée se dirigeait *exactement* suivant la ligne Nord et Sud du monde, il suffirait de lire sur la boussole la position du *cap* du navire pour connaître la direction suivant laquelle il se meut. Mais l'aiguille de la boussole ne coïncide pas exactement avec la méridienne; elle s'en écarte soit à droite soit à gauche, d'une quantité nommée *variation* ou *déclinaison*. Cet écart n'est pas constant; il varie suivant les lieux et les temps. La variation est dite N E lorsque le Nord du compas s'écarte à droite du Nord du monde, et N O lorsque le Nord du compas tombe à gauche du Nord du monde. Les cartes nautiques donnent une valeur approchée de la déclinaison en différents points de la surface du globe.

Pour corriger une route suivie sur le compas de l'effet de la variation, il suffit d'appliquer le précepte suivant qu'il est facile de vérifier.

Si la route gouvernée est à droite du Nord ou du Sud, en se supposant placé au centre de la rose, vous ajouterez la variation à l'angle de route, si cette variation est N E; vous ferez la différence, si la variation est N O.

Si la route gouvernée est à gauche du Nord ou du Sud, vous retrancherez la variation de l'angle de route, si la variation est N E; vous ferez la somme si la variation est N O.

Exemple 1 : La variation étant 19° 30' N E, on a gouverné au N E ¼ E.

Angle de route....	N 50° 37' E	à droite.
Variation..............	19 30	à droite.
Angle corrigé.......	N 70 07 E	*(somme.)*

Exemple 2 : La variation étant 24° 15' N O, on a gouverné au N N O 3° N.

Angle de route....	N 19° 30' O	à gauche.
Variation..............	24° 15	à gauche.
Angle corrigé.......	N 43 45 O	*(somme.)*

Exemple 3 : La variation étant 22° 15' N O, on a gouverné au N E ¼ N.

Angle de route....	N 33° 45' E	à droite.
Variation..............	22 15	à gauche.
Angle corrigé.......	N 11 30 E	*(différence.)*

Exemple 4 : La variation étant 11° 30' N E, on a gouverné au O N O ½ N.

Angle de route....	N 61° 53' O	à gauche.
Variation..............	11 30	à droite.
Angle corrigé.......	N 50 23 O	*(différence.)*

Exemple 5 : La variation étant 19° N E, on a gouverné au S S O 3° O.

Angle de route....	S 25° 30' O	à droite.
Variation..............	19 00	à gauche.
Angle corrigé.......	S 44 30 O	*(somme.)*

Exemple 6 : La variation étant 28° 15' N E, on a gouverné au S E 3° 30' E.

Angle de route....	S 48° 30' E	à gauche.
Variation..............	28 15	à droite.
Angle corrigé.......	S 20 15 E	*(différence.)*

Si, lorsqu'on ajoute l'angle de route à la variation, on trouve pour angle corrigé un angle plus grand que 90°, on doit retrancher cet angle de 180° et compter la route à partir du Sud si la route gouvernée se compte à partir du Nord et *vice-versâ*.

Dans le cas où l'on fait la différence de l'angle de route avec la variation, si la variation est plus grande que l'angle de route, la route corrigée se comptera vers l'E ou vers l'O, selon que la route gouvernée se comptera vers l'O ou vers l'E.

Exemple 7 : La variation étant de 29° 30' N E, on a gouverné à l'E N E 2° E.

Angle de route....	N 69° 30' E	à droite.
Variation..............	29 30	à droite.
Angle corrigé.......	N 99 00 E	*(somme.)*
Ou bien.............	S 81° 00 E	

Exemple 8 : La variation étant 34° 40' N O, on a gouverné à l'E ¼ S E.

Angle de route....	S 78° 45' E	à gauche.
Variation..............	34° 40	à gauche.
Angle corrigé.......	S 113 25 E	*(somme.)*
Ou bien.............	N 66 35 E	

Exemple 9 : La variation étant 30° 20' N O, on a gouverné au S ¼ S O 2° O.

Angle de route....	S 13° 15' O	à droite.
Variation.............	30 20	à gauche.
Angle corrigé......	S 17 05 E	(*différence.*)

Exemple 10 : La variation étant 28° 45' N E, on a gouverné au N N O 5° N.

Angle de route....	N 17° 30' O	à gauche.
Variation.............	28 45	à droite.
Angle corrigé.......	N 11 15 E	(*différence.*)

12. — Dérive.

Si le navire suivait la direction indiquée par sa proue, il suffirait de corriger de la variation la route suivie sur le compas pour connaître sa véritable route. Mais le navire cédant à l'impulsion oblique du vent glisse latéralement et dévie ainsi de la direction qu'il semble suivre. Le sens et la grandeur de cette déviation que l'on nomme *dérive* dépend de l'état de la mer, de l'intensité du vent et sa direction relativement à celle du navire.

La véritable route que suit le navire est évidemment indiquée par la trace d'écume nommée *houache* qu'il laisse derrière lui. Par conséquent en mesurant l'angle que cette dernière fait avec la direction de la quille du navire, la quantité de dérive sera connue. Il est clair que le sens de la dérive est toujours opposé à celui des amures, c'est-à-dire que si le vent vient de tribord, la dérive sera babord et *vice-versâ.*

Pour corriger une route des effets de la dérive, on agira absolument comme si c'était une variation, en considérant la dérive babord comme une variation N O, et la dérive tribord comme une variation N E.

Comme ordinairement les routes sont affectées à la fois de dérive et de variation, on fait les deux corrections simultanément. Pour cela, si la dérive et la variation affectent la route dans le même sens, on les ajoute et on corrige la route de la somme des deux quantités. Si, au contraire, la dérive et la variation se contrarient dans leurs effets, on en fait la différence et on corrige la route gouvernée de la quantité et du même sens que cette différence.

Exemple 1 :

Route gouvernée..................	N 38° E	à droite.
Variation 15° N O à gauche / Dérive 8 B à gauche	23	à gauche.
Route corrigée......................	N 15° E	

Exemple 2 :

Route gouvernée..................	S 15° O	droite.
Variation 12° N O à gauche / Dérive 8 T à droite	8°	droite.
Route corrigée......................	S 23° O	

MESURE DU CHEMIN

13. — Loch.

Le loch étant un instrument connu de tous les jeunes marins auxquels sont destinées ces premières notions de navigation, nous nous dispenserons d'en donner la description et d'en expliquer l'usage.

DU RELEVÉ DES ROUTES

14. — Renard.

Le renard est un instrument servant de registre sur lequel on note d'heure en heure la route qu'a suivie le navire, ainsi que les milles qu'il a parcourus dans l'heure qui vient de s'écouler. Cet instrument est une planchette percée de 8 trous dans chacune des 32 directions représentant les 32 airs de vent du compas. Deux tableaux auxiliaires sont destinés, l'un à marquer les milles, l'autre les dixièmes. On y joint quelquefois un troisième tableau destiné à enregistrer la dérive.

Lorsqu'on ne suit qu'une seule route dans toute la durée du quart, il suffit de marquer la route suivie pendant la première heure, ce qui se fait en plantant une petite cheville nommée *poule* dans le premier trou de la ligne qui représente cette direction. Si la route était comprise entre deux airs de vent, au N N E $^1/_2$ N par exemple, on planterait une poule dans le premier trou du N N E et une autre dans le premier trou du N $^1/_4$ N E. Cette notation indiquerait que pendant la première heure du quart on a suivi une route comprise entre ces deux airs de vent.

Après chaque heure écoulée on note sur les deux tableaux les milles et dixièmes de milles parcourus.

Lorsqu'on tient le plus près, avec des vents variables, la route suivie change à chaque instant. On doit alors veiller attentivement les variations de la route, noter le temps pendant lequel on gouverne à un même air de vent, et il sera facile à la fin de l'heure d'avoir une moyenne entre toutes les routes. Pour rendre l'appréciation de cette moyenne plus facile, on estimera, après chaque quart d'heure, ce que vaut la route variable du navire et on écrira cette valeur sur le renard ; à la fin de l'heure, il sera facile de prendre la moyenne des quatre quantités.

Lorsque les écarts que fait la route du navire sont considérables, il faudra avoir soin de compter un peu moins de chemin que ne l'indique le loch ; car le navire suivant une route sinueuse, il est clair que l'on estimerait trop de chemin si l'on comptait tous les milles parcourus comme ayant été faits sur une ligne droite qui serait la route moyenne.

Les 8 trous de chaque air de vent sont destinés à marquer les routes suivies pendant les 8 demi-heures du quart.

15. — Journal.

A la fin de chaque quart on fait le relevé des routes et des milles marqués sur le renard et on les porte sur un journal destiné à cet usage. La forme des journaux employés à bord des bâtiments de commerce est tout-à-fait arbitraire ; cependant on peut dire qu'ils sont généralement distribués par colonnes destinées à enregistrer la direction du vent, la route suivie, les milles courus, la dérive et la voilure ; dans une autre colonne on écrit toutes les circonstances de la navigation.

DU POINT

PROBLÈME I.

16.— Faire le point quand on a couru au Nord ou au Sud.

Lorsqu'un navire fait route soit au Nord, soit au Sud, il reste toujours sur le même méridien; la longitude par conséquent reste la même, tandis que la latitude augmente ou diminue suivant que le navire s'éloigne ou se rapproche de l'équateur. Chaque mille que parcourt le navire embrasse une minute sur le méridien : on peut donc dire que la latitude augmente ou diminue d'autant de minutes que l'on parcourt de milles au Nord ou au Sud.

Connaissant le changement en latitude, on trouvera la latitude du point d'arrivée en suivant la règle suivante :

1° *Si la latitude de départ et le changement en latitude sont du même côté, toutes deux Nord ou toutes deux Sud, on les ajoute ensemble pour avoir la latitude d'arrivée, qui est aussi du même côté.*

2° *Mais si la latitude de départ et le changement en latitude sont de différentes dénominations, on retranche la plus petite quantité de la plus grande, et le reste donne la latitude d'arrivée qui est toujours du côté du plus grand nombre, c'est-à-dire du côté de la latitude de départ, si elle est plus forte que le changement en latitude, ou du côté de ce dernier, s'il surpasse la latitude de départ.*

Exemple 1 : Un navire est parti de { 36° 28' Lat. N / 17 54 Long. O } il a parcouru, dans la direction du Nord du monde, une distance de 146 milles. On demande le point d'arrivée.

Changement en latitude = 146' = 2° 26' N.

Latitude de départ	36° 28'	N
Chang^t en latitude	2 26	N
Latitude d'arrivée	38 54	N (*somme.*)

Exemple 2 : Un navire est parti de { 16° 11' Lat. S / 55 18 Long. E } il a parcouru, dans la direction du Nord du monde, une distance de 205 milles. On demande le point d'arrivée.

Changement en latitude 205' = 3° 25' N.

Latitude de départ	16° 11'	S
Chang^t en latitude	3 25	N
Latitude d'arrivée	12 46	S (*différence.*)

Exemple 3 : Un navire est parti de { 21° 44' Lat. S / 36 11 Long. O } il a parcouru, dans la direction du Sud du monde, une distance de 135 milles. On demande le point d'arrivée.

Changement en latitude 135' = 2° 15' S.

Latitude de départ	21° 44'	S
Chang^t en latitude	2 15	S
Latitude d'arrivée	23 59	S (*somme.*)

Exemple 4 : Un navire est parti de { 48° 23' Lat. N / 53 15 Long. E } il a parcouru, dans la direction du Sud du monde, une distance de 196 milles. On demande le point d'arrivée.

Changement en latitude 196' = 3° 16' S.

Latitude de départ	48° 23'	N
Chang^t en latitude	3 16	S
Latitude d'arrivée	45 07	N (*différence.*)

Exemple 5 : Un navire est parti de { 1° 05' Lat. N / 19 15 Long. O } il a parcouru, dans la direction du Sud du monde, une distance de 213 milles. On demande le point d'arrivée.

Changement en latitude 213 = 3° 33' S.

Latitude de départ	1° 05'	N
Chang^t en latitude	3 33	S
Latitude d'arrivée	2 28	S (*différence.*)

Exemple 6 : Un navire est parti de { 2° 16' Lat. S / 11 50 Long. E } il a parcouru, dans la direction du Nord du monde, une distance de 205 milles. On demande le point d'arrivée.

Changement en latitude 205' = 3' 25' N.

Latitude de départ	2° 16'	S
Chang^t en latitude	3 25	N
Latitude d'arrivée	1 09	N (*différence.*)

PROBLÈME II.

17. — Faire le point, quand on a couru à l'Est ou à l'Ouest.

Lorsqu'un navire fait route à l'Est ou à l'Ouest du monde, il reste toujours à la même distance de l'équateur; sa latitude, par conséquent, demeure la même, tandis que sa longitude augmente ou diminue suivant que le navire s'éloigne ou se rapproche du méridien de Paris.

Mais le changement en longitude n'est pas donné immédiatement par le chemin E. O, comme le changement en latitude est donné par les milles Nord ou Sud, car il n'y a que sur l'équateur ou par des latitudes très petites qu'un mille fait à l'Est ou à l'Ouest équivaut à une minute de longitude. La conversion des milles E. O. en minutes de longitude exige donc une opération particulière. On se sert pour cette réduction de la table XVII, dans laquelle on trouve, à côté de chaque latitude, le nombre par lequel on doit multiplier les milles E. O. pour obtenir le nombre de minutes correspondantes.

Exemple 1 : Etant par 35° de latitude, on a couru 139 milles à l'Est. Quel est le changement en longitude correspondant?

Milles à l'Est	139
Table XVII. Pour 35°, multiplicateur	1,22
	278
	278
	129
Produit	169,58

Changement en longitude 169',5 = 2° 49',5.

Exemple 2: Etant par 45° de latitude, on a couru 106 milles à l'Ouest. Quel est le changement en latitude correspondant?

Milles à l'Ouest	106
Table XVII. Pour 45°, multiplicateur	1,41
	106
	424
	106
Produit	149,46

Changement en longitude 149', 5 = 2° 29', 5.

Sachant trouver le changement en longitude, on trouvera la longitude d'arrivée en suivant la règle suivante :

Si la longitude de départ et la différence en longitude sont du même côté, on les ajoute ensemble pour avoir la longitude d'arrivée, qui est aussi du même côté; cependant, si la somme obtenue est plus grande que 180°, il faut la retrancher de 360° pour avoir la longitude qui est alors d'une dénomination différente à celle du départ.

Mais, si la longitude du départ et le changement en longitude sont de différente dénomination, on retranche la plus petite quantité de la plus grande, et le reste donne la longitude d'arrivée, qui est toujours du même côté que la plus grande.

Exemple 1 : Etant parti de { 48° 15' Lat. S / 30° 23' Long. O } on a couru 125 milles à l'Ouest du monde. On demande le point d'arrivée.

Milles à l'Ouest	125
Table XVII. Pour 48°, multiplicateur	1,49
Produit	186,25

Changt en longitude 186',2 =	3° 06',2	O
Longitude de départ	30 23.	O
Longitude d'arrivée	33 29,2	O *(somme.)*

Exemple 2 : Etant parti de { 50° 08' Lat. N / 178 54 Long. E } on a couru 108 milles à l'Est du monde. On demande le point d'arrivée.

Milles à l'Est	108
Table XVII. Pour 50°, multiplicateur	1,55
Produit	167,40

Chang't en longitude 167',4 =	2° 47',4	E
Longitude de départ	178 54	E
Latitude d'arrivée	181 41,4	E *(somme.)*
A retrancher de	360	
Longitude d'arrivée	178° 18',6	O

Exemple 3 : Etant parti de { 12° 17' Lat. N / 26° 45' Long. E } on a couru 134 milles à l'Ouest du monde. On demande le point d'arrivée.

Milles à l'Ouest	134
Table XVII. Pour 12°, multiplicateur	1,02
Produit	136,68
Changt en longitude 136',7 =	2° 16',7 O
Longitude de départ	26 45. E
Longitude d'arrivée	24° 28',3 E (*différence.*)

Exemple 4 : Etant parti de { 45° 55' Lat. S / 1° 18' Long. O } on a couru 153 milles à l'Est du monde. On demande le point d'arrivée.

Milles à l'Est	153
Table XVII. Pour 46°, multiplicateur	1,44
Produit	220,32
Changt en longitude 220',3 =	3° 40',3 E
Longitude de départ	1° 18 O
Longitude d'arrivée	2° 22',3 E (*différence.*)

PROBLÈME III.

18. — Faire le point, quand on a couru sur une route oblique.

1° Corrigez la route de la dérive et de la variation pour avoir l'angle de route vrai.

2° A l'aide de la table XVI, déterminez les milles N. S. et les milles E. O. qui répondent à la route courue.

3° Avec la latitude de départ et les milles N. S., qui donnent les minutes du changement en latitude, déterminez la latitude d'arrivée, en vous conformant aux préceptes du problème I.

4° Avec la latitude de départ et celle d'arrivée, concluez une latitude moyenne. A cet effet, si la latitude de départ et celle d'arrivée sont de même nom, faites-en la somme et prenez-en la moitié; mais si la latitude de départ et celle d'arrivée sont de noms contraires, retranchez la plus petite de la plus grande et prenez la moitié du reste.

5° Cherchez dans la table XVII le multiplicateur correspondant à la latitude moyenne, et multipliez les milles E. O. par ce facteur, pour obtenir le changement en longitude.

6° Avec la longitude de départ et le changement en longitude, concluez la longitude d'arrivée, en vous conformant aux préceptes du problème II.

Exemple 1 : Etant parti de { 30° 20' Lat. N / 42° 11' Long. O } on a gouverné au N 66° E du compas, ayant 10° de dérive T et 22° de variation N O : on a fait 112 milles dans cette direction. On demande le point d'arrivée.

1° Corriger la route.

Route au compas	N 66° E	droite.
Dérive 10° T à droite / Variation 22° N O gauche	12	gauche.
Route corrigée	N 58 E	(*différence.*)

2° Trouver les milles N S et les milles E O. (Table XVI.)

Milles courus.			
100		84.8	53,0
10		8,5	5,3
2		1,7	1,1
		E. O	N. S
	Angle de route.	58°	

Exemple 2 : Etant parti de { 1° 15' Lat. N / 18° 31' Long. E } on a gouverné au S 17° E du compas, ayant 5° de dérive T et 20° de variation N O : on a fait 196 milles à cette route. On demande le point d'arrivée.

1° Corriger la route.

Route au compas	S 17° E	gauche.
Dérive 5° T droite / Variation 20° N O gauche	15	gauche.
Route corrigée	S 32 E	(*somme.*)

2° Trouver les milles N S et les milles E O. (Table XVI.)

	Angle de route.	32°	
Milles courus.		N. S	E. O
100		84,8	53,0
90		76,3	47,7
6		5,1	3,2

Milles au Nord	59,4			Milles au Sud	166,2		
Milles à l'Est	95,0			Milles à l'Est	103,9		

3° Trouver la latitude d'arrivée.

Latitude de départ	30° 20'	N	
Chang^t en latitude	50,4	N	
Latitude d'arrivée	31 19,4	N	(*somme.*)

4° Trouver la latitude moyenne.

Latitude de départ	30° 20'	N
Latitude d'arrivée	31 19,4	N
Somme......	61 39,4	
Latitude moyenne	30 49,7	

5° Trouver le changement en longitude.

Milles à l'Est	95
Table XVII. Pour 31° latitude moyenne	1,17
Produit......	111,15

Changement en longitude 111',1 = 1° 51',1 E

6° Trouver la longitude d'arrivée.

Longitude de départ	42° 11'	O	
Chang^t en longitude	1 51,1	E	
Longitude d'arrivée	40 19,9	O	(*différence.*)

3° Trouver la latitude d'arrivée.

Latitude de départ	1° 15'	N	
Chang^t en latitude	2 46,2	S	
Latitude d'arrivée	1 31,2	S	(*différence.*)

4° Trouver la latitude moyenne.

Latitude de départ	1° 15'	N
Latitude d'arrivée	2 26,2	S
Différence......	1 31,2	
Latitude moyenne	0° 45',6	

5° Trouver le changement en longitude.

La latitude étant très petite, le multiplicateur de la table XVII est 1,00, c'est-à-dire que les milles E O donnent les minutes de changement en longitude.

Changement en longitude 103',9 = 1° 43',9 E.

6° Trouver la longitude d'arrivée.

Longitude de départ	18° 31'	E
Chang^t en longitude	1 43,9	E
Longitude d'arrivée	20 14,9	E

PROBLÈME IV.

19. — Faire le point, quand on a couru plusieurs routes.

Lorsqu'on est en pleine mer et loin des terres, on se contente de déterminer la position du navire tous les jours à midi. Or il arrive que dans l'espace de 24 heures on est souvent obligé, soit à cause des changements de vent, soit pour d'autres considérations, de gouverner successivement à différents airs de vent. Ayant estimé le chemin fait à chacune de ces routes, il s'agit de trouver le point d'arrivée.

Après avoir corrigé chaque route de la dérive et de la variation, on cherchera les milles au Nord ou au Sud, ainsi que ceux à l'Est ou à l'Ouest correspondant à chacune d'elles. On se servira, pour faire cette réduction, de la table XVI, en agissant comme dans le problème précédent. On dressera quatre colonnes et l'on mettra dans la première les milles au Nord correspondant à chaque route; dans la deuxième, les milles au Sud; dans la troisième, les milles à l'Est et dans la quatrième, les milles à l'Ouest.

On fera la somme des milles contenus dans chaque colonne, puis on fera la différence entre la totalité des milles du Nord et celle des milles du Sud; le reste sera le nombre de milles, ou au Nord ou au Sud, correspondant à l'ensemble de toutes les routes. Les milles à l'Est ou à l'Ouest se détermineront par une opération semblable.

On considère ces milles comme provenant d'une seule route, et on achève le problème comme le précédent.

Exemple. On est parti de {29° 20' Lat. N / 25° 05' Long. E} on a couru les routes suivantes sur le compas : la variation étant de 16° N O.

Routes au compas.	Dérive.	Milles.
N 33° E	10° T	23
N 48° E	8 T	35
S 50° E	5 B	40
S 30° O	0	19

Voici comment on disposera le calcul :

Routes corrigées.	Milles courus.	N	S	E	O
N 27° E	20	17,8	»	9,1	»
	3	2,7	»	1,4	»
N 40 E	30	23,0	»	19,3	»
	5	3,8	»	3,2	»
S 71 E	40	»	13,0	37,8	»
S 14 O	10	»	9,7	»	2,4
	9	»	8,7	»	2,2
	Sommes	47,3	31,4	70,8	4,6
		31,4		4,6	
	Différences.	15,9		66,2	

Latitude de départ	29°	20'	N.
Changt en latitude		15,9	N.
Latitude d'arrivée	29°	35,9	N.
Somme des latitudes	58	55,9	
Latitude moyenne	29°	27,9	

Table XVII. Pour 29°	1,14			
Milles à l'Est	66,2			
Produit	75,5 =	1°	55',5	E.
Longitude de départ		25	05	E.
Longitude d'arrivée		26	20,5	E.

PROBLÈME V.

20. — Faire le point, en tenant compte des courants.

Quand un navire se trouve dans les eaux d'un courant, il est entraîné par elles, dans leur direction, avec toute la vitesse dont elles se meuvent; c'est donc un nouveau mouvement qu'il faut joindre au mouvement propre du navire pour connaître son mouvement absolu. Il suffit pour cela de considérer l'action particulière du courant comme une route involontaire faite par le navire.

Exemple. Un navire a fait une première route au N 56° E avec 15° de dérive B.; il a fait 35 milles dans cette direction ;

Il a ensuite fait 40 milles au S 40° E avec 5° de dérive T.;

De plus, il a été reconnu que dans ces mêmes parages il existe un courant portant dans le S 70° O du monde avec une vitesse de 2 milles par heure, et le navire est resté pendant 18 heures sous l'influence de ce courant ;

La variation du compas étant 20° N O ;

On demande les milles N S et les milles E O correspondants au déplacement total du navire.

	Routes corrigées.	Milles.	N.	S.	E.	O.
Première route	N 21° E	30	28,0	»	10,8	»
»	»	5	4,7	»	1,8	»
Seconde route	S 55 E	40	»	22,9	32,8	»
Courant	S 70 O	30	»	10,3	»	28,2
»	»	6	»	2,1	»	5,6
		Sommes	32,7	35,3	45,4	33,8
				32,7	33,8	
		Différences		2,6	11,6	

Le navire s'est donc déplacé de 2,6 au Sud
et 11,6 à l'Est.

On continuera ensuite le calcul comme dans le problème précédent.

CONNAISSANCE DES TEMPS

21. — Conversion des degrés en heures.

Multipliez par 4 l'arc exprimé en degrés et divisez le résultat par 60; on sait que cette division s'effectue en changeant les secondes en tierces, les minutes en secondes, etc.

Exemple 1 : Convertir 36° 25' 35" en heures, minutes et secondes.

	36°	25'	35"	
Multipliant par......			4	
	2h	25m	09s	20t
Ou bien................	2	25	42,	33

Exemple 2 : Convertir 105° 17' 19",8 en heures, minutes et secondes.

	105°	17'	19",8
Multipliant par......			4
	7h	01m	09s 19t,2
Ou bien................	7	01	09,32

Cette conversion se fait avec promptitude et facilité à l'aide de la table I, dans laquelle on trouve, réduits en temps, les degrés, minutes et secondes d'un arc quelconque.

Exemple 1 : Convertir en temps un arc de 66° 54m 21s.

66° donnent..............	4h	24m	
54m		3	36s
21s			1,40
Arc demandé......	4	27	37,40

Exemple 2 : Convertir en temps un arc de 165° 51' 47",6.

165° donnent..............	11h	00m	
51m		3	24s
47s			3,13
0,6			0,04
Arc demandé......	11	03	20,17

22. — Conversion des heures en degrés.

Multipliez par 15 le nombre d'heures contenues dans la quantité proposée, vous obtiendrez le nombre de degrés équivalents.

Prenez ensuite le quart des minutes et secondes, en faisant exprimer au résultat des degrés et minutes; joignez ce nombre aux degrés déjà trouvés, vous aurez le résultat demandé.

Si le nombre proposé contient des parties décimales de secondes, réduisez ces parties décimales en tierces avant d'en prendre le quart.

Exemple 1 : Convertir 5h 23m 55s en degrés, minutes, etc.

Les 5h donnent d'abord	75°		
Il reste..............................	23m	55s	
Dont le quart est.....................	5°	58'	45"
Qui, étant joints à..................	75°		
Donnent................................	80°	58	45

Exemple 2 : Convertir 11h 29m 18s,26 en degrés, minutes, etc.

Les 11h donnent......	165°		
Il reste..............................	29m	18s,26	
Ou....................................	29m	18s	15t,6
Dont le quart est...............	7°	19'	33",9
Qui, étant ajoutés à...........	165		
Donnent............................	172°	19'	33",9

Si l'on veut se servir de la table II pour faire cette conversion, on agira de la manière suivante :

Table II. Pour			
5^h	75°		
23^m	5	45'	
55^s		13	45"
Nombre demandé	80°	58'	45"

Table II. Pour			
11^h	165°		
29^m	7	15'	
18^s		4	30"
0,26			3,9
Nombre demandé	172	19	33,9

23. — Trouver l'heure de Paris correspondant à celle d'un lieu dont la longitude est connue.

Comptez l'heure du lieu astronomiquement et réduisez la longitude en temps.

Ajoutez la longitude à l'heure du lieu, si cette longitude est O. Si la somme est plus grande que 24^h, ne posez que l'excédant sur 24 et portez un jour de plus à la date.

Retranchez, au contraire, la longitude de l'heure du lieu, si cette longitude est E. Si la longitude est plus grande que l'heure du lieu, il faut emprunter un jour à la date pour faire la soustraction.

Exemple 1 : Etant par 55° 39' long. O, on compte à bord le 5 janvier à 8^h 05^m du matin. On demande l'heure correspondante de Paris.

Heure du lieu	le 4		20^h	05^m	00^s
Longitude O		+	3	42	36
Heure de Paris	le 4		23	47	36

Exemple 2 : Le 18 mai, étant par 92° 52' long. O, on comptait à bord 10^h 52^m du matin. On demande l'heure correspondante de Paris.

Heure du lieu	le 17		22^h	52^m	00^s
Longitude O		+	6	11	28
Heure de Paris	le 18		5	03	28

Exemple 3 : Quelle est l'heure de Paris correspondant au 12 mars à 8^h 49^m du matin, d'un lieu situé par 137° 24' long. E.

Heure du lieu	le 11		20^h	49^m	00^s
Longitude E		—	9	09	36
Heure de Paris	le 11		11	39	24

Exemple 4 : Trouver l'heure de Paris correspondant à 3^h 36^m du soir, le 9 septembre, étant par 140° 25' long. E.

Heure du lieu	le 9		3^h	36^m	00^s
Longitude E		—	9	21	40
Heure de Paris	le 8		18	14	20

Exemple 5 : Le 3 août étant par 58° 19' long. O, on demande l'heure de Paris correspondant à midi du lieu.

Heure du lieu	le 3		0^h	00^m	00^s
Longitude O		+	3	53	16
Heure de Paris	le 3		3	53	16

Exemple 6 : Le 24 juillet, étant par 98° 55' long. E, on demande l'heure de Paris correspondant à midi du lieu.

Heure du lieu	le 24		0^h	00^m	00^s
Longitude E		—	6	35	40
Heure de Paris	le 23		17	24	20

24. — Calculer la partie proportionnelle d'un élément de la Connaissance des Temps.

1° *Eléments solaires.*

Le 23 septembre, la déclinaison du soleil varie en 24^h de 23' 25", combien variera-t-elle en 17^h 43^m 30^s?

Si en 24^h la variation en déclinaison est	23'	25"
on aura pour 12^h la moitié de cette quantité	11	42,5
4^h le ⅓ du résultat précédent	3	54,13
1^h le ¼ du résultat précédent	0	58,53
30^m la ½ du résultat précédent	0	29,26
10^m le ⅓ du résultat précédent	0	09,75
2^m le ⅕ du résultat précédent	0	01,95
1^m la ½ du résultat précédent	0	00,97
30^s la ½ du résultat précédent	0	00,48
Pour 17^h 43^m 30^s	17	17,57

Le 5 juin, la déclinaison du soleil varie en 24^h de 6' 33", combien variera-t-elle en 5^h 48^m 22^s?

Si en 24^h le mouvement en déclinaison est	6'	33"
on aura pour 4^h le ⅙ de cette quantité	1	05,5
pour 1^h le ¼ du résultat précédent	0	16,37
30^m la ½ du résultat précédent	0	08,19
15^m la ½ du résultat précédent	0	04,09
3^m le ⅕ du résultat précédent	0	00,82
20^s le ⅑ du résultat précédent	0	00,09
Pour 5^h 48^m 20^s	1	35,06

Deuxième méthode.— Étant donnée la variation de l'élément solaire pour 24^h, on obtiendra (1) la variation pour 1^h en ajoutant ensemble deux fois et demi la variation diurne, en ayant soin de changer dans la somme les ' en " et les " en '''. On multipliera cette variation horaire par le nombre d'heures et dixièmes d'heure contenues dans le nombre pour lequel on demande la partie proportionnelle, et l'on aura le résultat demandé.

Généralement les minutes du nombre d'heures proposé n'équivaudront pas à un nombre exact de dixièmes; mais, comme les variations des éléments solaires sont assez faibles, la partie proportionnelle obtenue, comme il vient d'être dit, sera suffisamment approchée. Cependant, si on voulait l'obtenir plus exactement, il suffirait de calculer la partie proportionnelle correspondant au nombre de minutes excédant les dixièmes d'heures employés, ce qui se ferait en multipliant par ces minutes et dixièmes de minutes restantes la variation correspondant à une minute de temps.

Les exemples suivants suffiront pour montrer l'usage de cette méthode.

Exemple 1 : Le mouvement en déclinaison est de 23' 25" en 24^h, combien sera-t-il en $17^h\ 43^m\ 30^s$?

Je remarque que dans 43^m il y a 7 dixièmes d'heure plus 1^m, donc dans $17^h\ 43^m\ 30^s$ il y a $17^h,7$ plus $1^m,5$.

Variation diurne	23' 25"	
	23 25	
Moitié	11 42	
Somme ou variation horaire	58" 32'''	= 58",53
Multipliez par		17,7
		40971
		40971
		5853
Partie proportionnelle pour $17^h,7$		1035,981
Ou		17' 15,98

Il reste à trouver la partie proportionnelle pour $1^m,5$. Je remarque à cet effet que 58",53 étant la variation horaire, 58''',53 = 0",98 est la variation pour 1^m; donc en multipliant cette quantité par $1^m,5$, j'obtiendrai la deuxième partie proportionnelle demandée.

Variation pour 1^m	0",98
Multipliez par	1,5
	490
	98
Partie proportionnelle pour $1^m,5$	1,470

La partie proportionnelle demandée est donc :

Pour $17^h,7$	17' 15",98
Pour $1^m,5$	1,47
Partie proportionnelle totale	17 17, 45

Exemple 2 : Le mouvement en déclinaison est de 6' 33" en 24^h, combien sera-t-il en $5^h\ 48^m\ 22^s$?

Je remarque que $5^h\ 48^m$ équivalent à $5^h,8$ et que 22^s équivalent à $0^m,4$ (en prenant les dixièmes les plus approchés).

Variation diurne	6' 33"	
	6 33	
Moitié	3 16	
Somme ou variation horaire	16" 22'''	= 16",37
Multipliez par		5,8
		13096
		8185
Partie proportionnelle pour $5^h,8$		94,946
Ou		1' 34",946

Il reste à trouver la partie proportionnelle pour $0^m,4$. Je remarque à cet effet que 16",37 étant la variation horaire, 16''',37 = 0",27 est la variation pour 1^m; donc en multipliant cette quantité par $0^m,4$, j'obtiendrai la deuxième partie proportionnelle demandée.

Variation pour 1^m	0",27
Multipliez par	0,4
Variation pour $0^m,4$	0,108

La partie proportionnelle demandée est donc :

Pour $5^h,8$	1' 34",95
Pour $0^m,4$	0,11
Partie proportionnelle totale	1 35, 06

(1) Si l'on désigne par v la variation diurne, on obtiendra $\frac{v}{24}$ pour variation horaire : mais, comme une fraction ne change pas de valeur lorsqu'on multiplie ses deux termes par un même nombre, ce résultat est égal à $\frac{v \times 2\frac{1}{2}}{24 \times 2\frac{1}{2}}$ ou $\frac{v \times 2\frac{1}{2}}{60}$.

Troisième méthode. — Lorsque la variation diurne n'est pas très grande ou lorsqu'on n'a besoin que d'un résultat approché, on peut se servir de la table IX. A l'explication de cette table, nous donnerons quelques exemples qui suffiront pour en faire connaître l'usage.

2° *Eléments lunaires.*

La déclinaison de la lune variant en 12h de 1° 33' 33", on demande la variation en 9h 38m 48s.

1re Méthode. — Parties aliquotes.

Si en 12h la variation est	1° 33' 33"
elle sera en 6h la ½ de cette quantité	0 46 46,5
en 3h la ½ du résultat précédent	23 23,25
en 30m le ⅙ du résultat précédent	3 53,87
en 6m le ⅕ du résultat précédent	0 46,77
en 2m le ⅓ du résultat précédent	15,59
en 30s le ¼ du résultat précédent	3,89
en 15s la ½ du résultat précédent	1,94
en 3s le ⅕ du résultat précédent	0,39
Pour 9h 38m 48s	1° 15' 12",20

L'ascension droite de la lune variant en 12h de 6° 46' 25", on demande sa variation en 7h 50m 36s.

1re Méthode. — Parties aliquotes.

Si en 12h la variation est	6° 46' 25"
elle sera en 6h la ½ de cette quantité	3 23 12,5
en 1h le ⅙ du résultat précédent	0 33 52,08
en 30m la ½ du résultat précédent	16 56,04
en 15m la ½ du résultat précédent	8 28,02
en 5m le ⅓ du résultat précédent	2 49,34
en 30s le $\frac{1}{10}$ du résultat précédent	0 16,93
en 6s le ⅕ du résultat précédent	0 3,38
Pour 7h 50m 36s	4° 25' 38",29

Deuxième méthode. — On obtiendra la variation horaire en multipliant par 5 la variation en 12h et en changeant au résultat les ° en ', les ' en ", etc. Cette variation horaire, divisée par 60, fera connaître la variation pour 1m.

On multipliera, comme on a fait pour le soleil, la variation horaire par le nombre d'heures et dixièmes d'heure du nombre proposé, ce qui donnera une première partie proportionnelle. Multipliant ensuite la variation pour 1m par le nombre de minutes et dixièmes de minutes qui sont restés, on obtiendra une deuxième partie proportionnelle qui, jointe à la première, fera connaître la partie proportionnelle totale.

Variation en 12h	1° 33' 33"	
Multipliez par	5	
Variation horaire	7' 47" 45''' =	467",75
Multipliez par		9h,6
		280650
		420975
Partie proportionnelle pour 9h,6		4490",400
Ou		1° 14' 50",4

Ayant pris la partie proportionnelle pour 9h,6 ou 9h 36m, il nous reste encore à l'obtenir pour 2m,8.

La variation horaire étant	7' 47" 45'''	
On a pour 1m	7" 47''' 45'''' =	7",796
Multipliez par		2,8
		62368
		15592
Partie proportionnelle pour 2m,8		21,8288

La partie proportionnelle totale sera donc :

Pour 9h,6	1° 14' 50",4
Pour 2m,8	21,8
Total	1° 15 12,2

Variation en 12h	6° 46' 25"	
Multipliez par	5	
Variation horaire	33' 52" 05''' =	2032",08
Multipliez par		7,8
		1625664
		1422456
Partie proportionnelle pour 7h,8		15850,224
Ou		4° 24' 10",22

Ayant pris la partie proportionnelle pour 7h,8 ou 7h 48m, il nous reste encore à l'obtenir pour 2m,6.

La variation horaire étant	33' 52" 05'''	
On a pour 1m	33" 52''' 05'''' =	33",87
Multipliez par		2,6
		20322
		6774
Partie proportionnelle pour 3m,6		88,062
Ou		1' 08",06

La partie proportionnelle totale sera donc :

Pour 7h,8	4° 24' 10",22
Pour 2m,6	1 28,06
Total	4 25 38,28

3ᵉ Méthode.

Pour avoir la partie proportionnelle demandée, il suffit de chercher, à l'aide des logarithmes, le 4ᵉ terme de la proportion.

$12^h : 1^\circ\, 33'\, 33'' :: 9^h\, 38^m\, 48^s : x.$

C. log. 12^h	5,3645163
log. $1^\circ\, 33'\, 33''$	3,7491950
log. $9^h\, 38\, 48$	4,5406798
Somme — 10	3,6543911

Nombre correspondant ou $x = 1^\circ\, 15''\, 12'',2$

3ᵉ Méthode.

Pour avoir la partie proportionnelle demandée, il suffit de chercher le 4ᵉ terme de la proportion.

$12^h : 6^\circ\, 46'\, 25'' :: 7^h\, 50^m\, 36^s : x.$

C. log. 12^h	5,3645163
log. $6^\circ\, 46'\, 25''$	4,3871231
log. $7^h\, 56^m\, 36^s$	4,4508032
Somme — 10	4,2024426

Nombre correspondant ou $x = 4^\circ\, 25'\, 38'',3$.

Quatrième méthode. — Comme la parallaxe équatoriale et le demi-diamètre de la lune varient très peu en 12^h, on pourra, pour calculer les parties proportionnelles de ces éléments, se servir de la table IX. Voyez l'explication de cette table.

Nous ferons ici une remarque qui peut avoir son utilité dans la pratique des calculs. C'est que tous les problèmes qui exigent l'emploi du demi-diamètre de la lune exigent aussi celui de la parallaxe. Or il existe entre la parallaxe horizontale et le demi-diamètre horizontal d'un astre une relation qui permet de déduire chacun de ces éléments de l'autre. Ainsi lorsqu'on aura trouvé la partie proportionnelle de la parallaxe horizontale, il suffira de la multiplier par 0,27 pour obtenir la partie proportionnelle du demi-diamètre horizontal correspondant au même nombre d'heures.

Ainsi la partie proportionnelle de la parallaxe horizontale étant pour $8^h\, 30^m$ de 19", par exemple, la partie proportionnelle du demi-diamètre horizontal sera, pour ce même nombre d'heures, $19'' \times 0,27 = 5'',1$.

25. — Trouver la valeur d'un élément de la Connaissance des Temps correspondant à une heure quelconque de Paris.

1° *Eléments du soleil.*

Prenez, dans la Connaissance des Temps, l'élément pour le midi qui précède l'heure donnée, et dans la colonne à droite l'augmentation ou la diminution de cet élément en 24^h.

Calculez la partie proportionnelle de la variation diurne, pour l'heure de Paris donnée, par l'une des méthodes qui précèdent.

Ajoutez cette partie proportionnelle à l'élément de la Connaissance des Temps, si les éléments vont en augmentant, retranchez-la dans le cas contraire.

Exemple 1 : On demande la déclinaison du soleil le 23 septembre à $15^h\, 35^m\, 22^s$ T. M. de Paris.

Déclin. à midi...	0° 03' 55" B.	Diff. diurne — 23' 25"
Partie propˡˡᵉ.....	— 17 17,6	
Déc. demandée.	0° 13' 22",6 A.	

Exemple 2 : On demande la déclinaison du soleil le 5 juin à $5^h\, 48^m\, 20^s$ T. M. de Paris.

Déclin à midi...	22° 31' 05" B.	Diff. diurne + 6' 33"
Partie propˡˡᵉ....	+ 2 35,1	
Déc. demandée	22° 32' 40",1	

2° *Eléments lunaires.*

Prenez, dans la Connaissance des Temps, l'élément pour le midi du jour proposé, si l'heure de Paris est moindre que 12^h; prenez cet élément pour 12^h du jour proposé, si cette heure de Paris excède 12^h; prenez en même temps, dans la colonne à droite, la variation de cet élément pour 12^h.

Calculez la partie proportionnelle de cette variation pour l'heure de Paris, si cette heure est moindre de 12; ou pour l'excès de l'heure de Paris sur 12h si cette heure était comprise entre minuit et midi.

Ajoutez cette partie proportionnelle à l'élément de la Connaissance des Temps, si les éléments vont en augmentant, retranchez-la dans le cas contraire.

Exemple 1 : On demande la déclinaison de la lune le 16 septembre à 9h 38m 48s T. M. de Paris.

Déclin. à 0h.... 15° 45' 03" B. Diff. en 12h ; + 1° 33' 33"
Partie propIle + 1 15 12,2
Déc. demandée 17 00 15,2 B.

Exemple 2 : On demande l'asc. droite de la lune le 5 juin à 21h 13m 24s T. M. de Paris.

Asc. droite à 12h ; 157° 26' 04" Diff. en 12h : + 6° 53' 08"
P. plle pr 9h 13m 24s 5 17 32
Asc. droite dem. 162° 43' 36"

CORRECTION DES HAUTEURS

N° 1.

CORRIGER UNE HAUTEUR DE SOLEIL.

Le 19 Juin, étant par 2° 33' latitude N. et 76° 02' longitude E., à 9h 41m T. M. du matin, on a observé la hauteur du bord inférieur du Soleil, et on l'a trouvée de 50° 12' 20''. L'œil était élevé de 6m 8 et l'instrument avait une erreur de rectification de + 2' 30''. On demande la hauteur vraie du centre.

Hauteur instrumentale ..	50° 12' 20''	
Erreur instrumentale ......+	2 30	Ajoutez quand l'erreur a le signe + ; retranchez quand elle a le signe —.
Hauteur observée ☉	50 14 50	
Dépress. p^r 6,8 (*Table V*)—	4 37	La dépression doit toujours être retranchée de la hauteur observée.
Hauteur apparente ☉	50 10 13	
Réfr. — parall. ☉ (*T. VI*)—	43	On entre dans la Table VI avec la hauteur apparente.
Hauteur vraie ☉	50 9 30	
Demi-diamètre ....+	15 46	On prend le demi-diamètre dans la Connaissance des Temps pour le jour de l'observation ; on l'ajoute à la hauteur vraie du bord inférieur ; on le retranche de la hauteur vraie du bord supérieur.
Hauteur vraie du centre..	50 25 16	

N° 2.

DEUXIÈME MÉTHODE POUR CORRIGER UNE HAUTEUR DE SOLEIL.

Le 15 Juin, étant par 28° 34' latitude N. et 29° 22' longitude O, à 9h 34m T. V. du matin, on a observé la hauteur du bord inférieur du Soleil, et on l'a trouvée de 28° 52' 30''. L'œil était élevé de 7m 2, et l'instrument avait une erreur de rectification de + 1' 30''. On demande les hauteurs apparente et vraie du centre du Soleil.

Hauteur instrumentale....	28° 52' 30''	
Erreur instrumentale ......+	1 30	Ajoutez quand l'erreur a le signe +, retranchez quand elle a le signe —
Hauteur observée ☉	28 54 00	
Dépress. p^r 7,2 (*Table V*)—	4 45	La dépression doit toujours être retranchée de la hauteur observée.
Hauteur apparente ☉	28 49 15	

		28 49 15	
Demi-diamètre	15' 46"2		Le demi-diamètre se prend dans la Connaissance des Temps pour le jour proposé.
Accourcissement —	1 1		On trouve l'accourcissement dans la Table XII.
Demi-diamètre corr.	15 45 1 +	15 45,1	Ajoutez à la hauteur du bord inférieur ; retranchez de la hauteur du bord supérieur.
Hauteur appar. du centre		29 05 00,1	
Réfract. par ☉ *(Table VI)* —		1 44,5	On entre dans la Table VI avec la hauteur apparente.
Hauteur vraie		29 03 15,6	

N° 3.

MÉTHODE ABRÉGÉE POUR CORRIGER UNE HAUTEUR DE SOLEIL.

Le 15 Septembre, vers 8h du matin, étant par 41° 17' latitude S. et 147° longitude O., on a observé la hauteur du bord inférieur du Soleil, et on l'a trouvée de 24° 28' 30". Elévation de l'œil 7m 4. Trouver la hauteur vraie.

Hauteur observée ☉	24° 28',5	
Correction +	9,1	Cette correction se trouve dans la Table VII ; elle est toujours additive.
Hauteur vraie	24° 37',6	

Cette méthode fera toujours connaître la hauteur vraie à 2 ou 3 dixièmes de minute près : elle peut donc être employée dans les calculs de la latitude par la hauteur méridienne, de l'azimut, etc.

N° 4.

CORRIGER LA HAUTEUR D'UNE ÉTOILE.

Le 10 Juin, étant par 44° 28' latitude S. et 45° 18' longitude O., à 3h 17m du matin, on a observé la hauteur de l'Epi, et on l'a trouvée de 37° 17' 20". Elévation de l'œil 7m 5 : erreur instrumentale — 2' 40". Trouver la hauteur vraie.

Hauteur instrumentale	37° 17' 20"	
Erreur instrumentale —	2 40	Ajoutez quand l'erreur a le signe + ; retranchez quand elle a le signe —.
Hauteur observée	37 14 40	
Dépress. pr 7,5 *(Table V)* —	4 52	La dépression doit toujours être retranchée de la hauteur observée.
Hauteur apparente	37 09 48	
Réfract. moyenne (T. VI) —	1 16,5	On entre dans la Table VI avec la hauteur apparente.
Hauteur vraie	37 08 31,5	

N° 5.

CORRIGER UNE HAUTEUR DE LUNE.

Le 17 Septembre, vers 1h 37m T. M. du matin, étant par 28° 54' latitude N. et 68° 59' longitude E., on a observé la hauteur du bord supérieur de la Lune, on l'a trouvée de 49° 03' 15''. L'œil était élevé de 6m 4; l'instrument avait une erreur de + 2' 30''. On demande la hauteur vraie.

1° Préparation

Heure de l'observ. le 16..	13h 37m 00'	
Longitude Est.................—	4 35 56	Retranchez la longitude quand est Est; ajoutez-la si elle est Ouest.
H. de Paris correspondte..	9 01 04	Calculez pour cette heure la parall. horizontale et le demi-diamètre.

Demi-diamètre à 0h	15' 09''	Parallaxe équatoriale à 0h	55' 35''
Partie proportionnelle pour 9h 01m +	3, 7	Partie proportionnelle pour 9h 01m ....+	14, 2
Demi-diamètre vrai	15 12, 7	Parallaxe équatoriale calculée..........	55 49, 2
		Diminution pour la latitude (Table X) ....—	2, 5
		Parallaxe ramenée à l'horizon du lieu..........	55 46, 7

2° Correction de la hauteur

Hauteur instrumentale....		49° 03' 15''	
Erreur de l'instrument ....+		2 30	Ajoutez quand l'erreur a le signe +; retranchez quand elle a le signe —.
Hauteur observée ☾̄		49 05 45	
Dépress. pour 7m,4 (*T. V*) —		4 29	La dépression est toujours soustractive.
Hauteur apparente ☾̄		49 01 16	
T. XIII pr 49° de hauteur et 55' de parall.	35' 15''		
Partie pr. pr 45''7 de par.+	30, 3	....	Cette partie proportionn. s'obtient en multipliant par 46''7 le nombre 0''65 qui se trouve en regard de 49°, dans l'avant-dernière colonne à droite.
Partie prop. pr 1' de hautr—	0, 7	....	Cette partie proportionn. s'obtient en multipliant par le nombre de minutes, le nombre 0''74 qui se trouve dans la dernière colonne en regard de 49°.
Parallaxe — Réfraction	35 44, 6+	35 44, 6	Cette quantité est toujours additive.
Hauteur vraie ☾̄		49 37 00, 6	
Demi-diamètre vrai........—		15 12, 7	Ajoutez à la hauteur du bord inférieur, retranchez de la hauteur du bord supérieur.
Hauteur vraie du centre.		49° 21' 47''9	

N° 6.

DEUXIÈME MÉTHODE POUR CORRIGER UNE HAUTEUR DE LUNE.

Le 17 Septembre, étant par 41° 17' latitude S. et 147° 45' longitude O., à 8h 19m T. M. du matin, on a observé la hauteur du bord supérieur de la Lune, et l'on a trouvé

14° 48' 15". L'œil était élevé de 7m 4 ; l'instrument avait une erreur de — 1' 15". On demande la hauteur apparente et vraie du centre.

1° Préparation

Heure de l'observat. le 16..	20h 19m00s	
Longit. O ....+	9 51 00	Ajoutez la long. quand elle est O.; retranchez quand elle est E.
H. de Paris corresp. le 17.	6 10 00	Calculez, pour cette heure, la parallaxe horizontale et le demi-diamètre.

Demi-diamètre à 0h	15h 20m	Parallaxe équatoriale	56' 15"
Partie proportionn. pour 6h 10m ......+	3	Partie proportionnelle pour 6h 10m ....+	11 4
Demi-diamètre vrai	15 23	Parallaxe équatoriale calculée	56 26 4
		Diminution pour la latitude (Table X) ....—	5
		Parallaxe ramenée à l'horizon du lieu	56 21 4

2° Correction de la hauteur

Hauteur instrumentale ..		14° 48' 15"	Ajoutez quand l'erreur a le signe + ; retranchez dans le cas contraire.
Erreur de l'instrument ....+		1 15	
Hauteur observée ☾		14 47 00	
Dépress. pour 6m 4 (*T. V*) —		4 29	La dépression est toujours soustractive.
Hauteur apparente ☾		14 42 11	
Demi-diamètre vrai	15' 23"		
Augmentation (Table XI) ..+	4	....	On entre dans la Table XI avec la hauteur apparente et le demi-diamètre vrai.
Accourcissement (Tab. XII) —	4	....	On entre dans la Table XII avec la hauteur appar.
Demi-diamètre apparent ..	15 23 —	15' 23"	On retranche le demi-diam. de la haut. appar. du bord supér.; on l'ajoute à la haut. appar. du bord inférieur.
Hauteur appar. du centre		14 26 48	
(Tab. XII) pr 14° de hautr et 56° de parallaxe	50' 31"		
Partie prop. pr 21"4 de par. +	20 5	....	Cette partie prop. s'obtient en multipliant par 21",4 le nombre 0",96 qui se trouve en regard de 14° dans l'avant-dernière colonne à droite.
Partie prop. pr 27° de hautr +	0 3	....	Cette partie prop. s'obtient en multipliant par le nomb. de minutes de hauteur, le nombre 0",01 qui se trouve dans la dernière colonne en regard de 14°.
Parallaxe—Réfraction..	50 51 8 +	50' 51"8	Cette quantité est toujours additive.
Hauteur vraie du centre.		14 17 39 8	

N° 7.

CORRIGER UNE HAUTEUR DE PLANÈTE.

Le 8 Mai, étant par 18° 52' latitude N. et 91° 50' longitude E., vers 4h 9m du matin, on a observé une hauteur de la planète *Vénus* (bord inférieur), et on l'a trouvée de 21° 54' 30". L'œil était élevé de 6m 8 ; l'instrument avait une erreur de + 2' 13". Trouver la hauteur vraie.

La Connaissance des Temps donne : Paral. horiz. Vénus 19" 5 ; *demi-diam.* 18" 1.

Hauteur instrumentale ..	21° 54' 30"	
Erreur instrumentale ......+	2 13	Ajoutez quand l'erreur a le signe + ; retranchez dans le cas contraire.
Hauteur observ. du bord.	21 56 43	
Dépression (Table V) ......—	4 37	La dépression est toujours soustractive.
Hauteur app. du bord	21 52 06	
Demi-diamètre ....+	18, 1	
Hauteur app. du centre..	21 52 24, 1	
Réfraction moyenne ....—	2 24, 4	La réfraction se prend dans la Table VI, elle est toujours soustractive.
Hauteur app. corrigée	21 49 59, 7	
Parall. en hauteur ....+	18, 2	Cet élément se prend dans la Table VII avec la parall. horiz. et la haut. apparente.
Hauteur vraie du centre.	21 50 17, 9	

PASSAGES AU MÉRIDIEN

N° 8.

PASSAGE DE LA LUNE AU MÉRIDIEN. (1er cas.) *La longitude étant Ouest*

Le 16 Juin, on demande l'heure du passage de la Lune au méridien d'un lieu situé par 98° longitude Ouest.

Pass. de la L. au mér. de Paris le jour prop.	$14^h 47^m$	Prenez dans la Connaiss. des Temps l'heure du pass. de la Lune au mérid. de Paris, le jour proposé et l'heure du passage suivant.
Passage suivant...................................le 17	15 35	
Différence des passages	48	
24 : 48^m :: *longitude* : x = ...	13	Cette partie prop. peut se trouver à l'aide de la Table IX : on l'ajoute à l'heure de Paris.
Passage de la Lune au mérid. du lieu le 16	15 00	

N° 9.

PASSAGE DE LA LUNE AU MÉRIDIEN. (Même cas.)

Le 24 Septembre, on demande l'heure du passage de la Lune au méridien d'un lieu situé par 56° longitude Ouest.

Pass. de la Lune au mérid. de Paris le 23.	23h 17m	Lorsque la Connaiss. des Temps ne donne pas de passage au mér. de Paris le jour proposé, prenez le passage de la veille et celui du lendemain.
Pass. de la Lune au mérid. de Paris le 25.	0 12	
Différence des passages	55	
24h : 55m :: *longitude* : x = ...	8, 5	Cette partie prop. peut se trouver à l'aide de la Table IX, on l'ajoute à l'h. du passage de la veille.
Passage de la Lune au mérid de Paris le 23	23 25, 5	

N° 10.

PASSAGE DE LA LUNE AU MÉRIDIEN. (2me cas.) *La longitude étant Est.*

Le 12 Juin, on demande l'heure du passage de la Lune au méridien d'un lieu situé par 83° longitude Est.

Pass. de la L. au mér. de Paris le jour prop.	11h 19m	Prenez dans la Connaiss. des Temps l'heure du passage de la Lune au mér. de Paris le jour proposé, et l'heure du passage qui précède immédiatement.
Passage précédent .... le 11	10 26	
Différence des Passages	53	
24h : 53m :: *longitude* : x = ...	12 1	Cette partie prop. peut se trouver à l'aide de la Table IX: on la retranche de l'heure du pass. à Paris le jour prop.
Passage de la Lune au mér. du lieu le 12.	11 06 9	

N° 11.

PASSAGE DE LA LUNE AU MÉRIDIEN. (Même cas.)

Le 24 Septembre, on demande l'heure du passage de la Lune au méridien d'un lieu situé par 115° longitude Est.

Pass. de la Lune au mérid. de Paris le 23..	23h 17m	Lorsque la Connaiss. des Temps ne donne pas de pass. au mér. de Paris le jour prop., prenez le pass. de la veille et celui du lendemain.
Pass. de la Lune au mérid. de Paris le 25..	0 12	
Différence des passages	55	
24h : 55m :: *longitude* : x = ...	17 6	Retranchez cette correct. de l'heure du pass. du lendemain donnée par la Connaiss. des Temps.
Heure du passage de la L. au mérid. le 24	23 54 4	

N° 12

PASSAGE D'UNE PLANÈTE AU MÉRIDIEN

Le 19 Septembre on demande l'heure du passage de la planète *Mars* au méridien d'un lieu situé par 86° long. O.

Pass. au mérid. de Paris le 15	$19^h 06^m$	Prenez dans la Connaissance des temps les heures du passage au mérid. de Paris pour les époques entre lesquelles se trouve le jour proposé.
Pass. au mérid. de Paris le 16	18 58	
Avance en 6 jours	8	
Avance proport. du 15 au 19..	$5\ 20^s$	Lorsque cette partie proport. est une avance, on la retranche de l'heure du passage au méridien de Paris qui précède le jour proposé : on l'ajoute dans le cas contraire.
Pass. au mérid. de Paris le 19	19 00 40	
Partie prop. p^r^ 5^h^ 44^m^ de long.	19	Lorsque la long. est O., retranchez les avances et ajoutez les retards : opérez inversement lorsque la long. est E.
Pass. au mérid. du lieu le 19	19 00 21	

N° 13

PASSAGE D'UNE ÉTOILE AU MÉRIDIEN

Le 29 Septembre, on demande l'heure du passage de l'étoile *Fomalhaut* au méridien d'un lieu situé par 38° 20' long. O.

Ascen. dr. de Fomalhaut le 19 (c'est l'heure sidérale du passage au méridien).	$22^h 49^m 26^s 9$
Ascen. dr. moy. ou temps sidér. à midi de Paris (retranchez de la précéd.)	—11 51 09,1
Heure approchée du passage (c'est le temps sidéral écoulé depuis midi)............	10 58 17,8
Marche du Soleil en asc. dr. pendant ce temps (Table IV)....(retranchez)	— 1 47,85
Heure du passage au méridien de Paris	10 56 29,95
Marche du Soleil en asc. dr. correspond. à la long. $3^h 28^m 44^s$ (*T. IV*) (retranchez cette partie quand la long. est O.; ajoutez quand la long. est E.)	— 25,13
Heure du passage au mérid du lieu	10 56 04,82

N° 14

PASSAGE D'UNE ÉTOILE AU MÉRIDIEN

Le 14 Juin, on demande l'heure T.M. du passage de l'*étoile polaire* au méridien d'un lieu situé par 52° 11' long. E.

Asc. dr. de l'étoile pol. le 14 (c'est l'heure T.S. au moment du passage)	$1^h 05^m 12^s 61$
Asc. droite moyenne à midi de Paris (retranchez de la précédente)	— 5 28 43,20
Heure approchée du passage (c'est le T.S. écoulé depuis midi)	19 36 29,41
Marche du Soleil en asc. dr. pendant ce temps (Table IV) (retranchez)	— 3 12,74
Heure du passage au méridien de Paris..	19 33 16 67
Partie prop. pour la long. $3^h 28^m 44^s$ (*Table IV*) (ajoutez cette partie prop. quand la long. est E., retranchez dans le cas contraire)	+ 34,20
Heure du passage au méridien du lieu	19 33 50,87

LEVERS ET COUCHERS DES ASTRES

N° 15

TROUVER L'HEURE T.M. DU LEVER VRAI DU SOLEIL

Le 9 Juin étant par 45° 32' lat N. et 96° 32' long. O., on veut connaître l'heure T.M. du lever vrai du centre du Soleil : l'heure présumée du lever étant 4^h 10^m du matin.

H. présumée du lieu le 8	$16^h 10^m 00^s$		
Longitude en temps........+	6 26 08		Ajoutez la long. quand elle est O., retr. quand elle est E.
H. correspond. Paris le 8	22 36 08		Avec cette heure de Paris, calculez la déclin. du Soleil.
Déclin. du Soleil le 8..	22° 49' 33''B		
Partie prop. p^r 22^h 36^m+	5 02		
Déclinaison calculée	22 54 35 B	Log. tang.	9.625917
Latitude du lieu	45 32 N	Log. tang.	10.008086
		Somme — 10.	9.634003 C'est le cos. de l'ang. h.
Angle h. au mom. du l.	115° 30'		L'angle hor. est plus grand que 90° lorsque la latitude et la déclinaison sont de même nom.
Angle h. réd. en temps	$7^h 42^m 00^s$		Retranchez l'angle hor. de 12^h vous aurez l'heure T.V. du lever.
Heure du lever T.V....	4 18 00	du matin.	
T.M. à midi vrai........+	11 59 49		
Heure du lever T.M.	4 17 49		

N° 16

TROUVER L'HEURE T.M. DU COUCHER VRAI DU SOLEIL

Le 18 Septembre étant par 51° 13' lat. S. et 39° 28' long. E., on veut connaître l'heure T.M. du coucher vrai du Soleil.

Si l'on ne connaît pas l'heure du coucher approximativement, on se servira de la Table XIV dans laquelle on entrera avec la latitude du lieu et une déclinaison approchée. On trouvera pour 51° de lat. et 2° de déclinaison 0^h 10^m. Cette quantité est la différence ascensionnelle. On sait, d'ailleurs, que le Soleil se lève après 6^h du matin et se couche avant 6^h du soir, lorsque la latitude et la déclinaison sont de différents noms.

H. prés. du couch. le 18	5h 50m 00s T.V.	
Longitude en temps........ —	2 37 52	Retranchez la long. quand elle est E.; ajoutez quand elle est O.
H. corresp. de Paris le 18	3 12 08 T.V.	
Temps moy. à midi vrai +	11 54 11	
H. corresp. de Paris T.M. le 18	3 06 19	Avec cette heure de Paris, calculez la décl. du Soleil.
Déclin. du Soleil le 18	2° 00' 40" B	
Partie prop. pour 3h 06m	3 00	
Déclinaison calculée......	1 17 40 B	Log. tang. 8.534549
Latitude du lieu	51 13 S	Log. tang. 10.094992
		Somme — 10. 8.629541 C'est le cos. de l'angle h.
Angle hor. au mo. du cou.	87° 33' 28	L'angle hor. est plus petit que 90° lorsque la lat. et la déclinaison sont de même nom.
Angle hor. réd. en temps	5h 50m 13s 9	C'est l'heure du coucher T.V.
T.M. à midi vrai.......... +	11 54 11	
Heure T.M. du coucher	5 44 24 ,9	

N° 17

TROUVER L'HEURE T.M. DU LEVER VRAI DE LA LUNE

Le 17 Septembre, étant par 26° 30' lat. S. et 52° 20' long. O., on demande l'heure T.M. du lever vrai du centre de la Lune.

1° Calculer l'heure du passage au méridien

H. du passage de la Lune au mér. de Paris le 17	17h 34m	Voyez le type n° 8.
Heure du passage suivant .... le 18	18 28	
Différence	54	
Partie proportionnelle pour la longitude	7 52	
Heure du passage au méridien du lieu ...... le 17	17 41 52	

2° Chercher une heure approchée du Lever

En supposant que la Lune se lève environ 6h avant son passage au méridien, l'heure du bord, à cet instant, sera 17h 41m — 6h ou environ 12h : l'heure correspondante de Paris sera de 15h environ. On trouve dans la Connaissance des Temps que la déclinaison de la Lune vers cette heure est d'environ 20° B.

On entre dans la Table XIV avec 26° de latitude et 20° de déclinaison ; on trouve 0h 41m de différence ascensionnelle. Comme la latitude du lieu et la déclinaison de la Lune

2

sont de différentes dénominations, l'angle horaire de cet astre au moment du lever vrai sera plus petit que 6ʰ.

Angle hor. présumée au mom. du lever	5ʰ 19ᵐ	
Pour 54ᵐ *retard diurne et* 5ʰ 20ᵐ (*T. IX*) +	12	
T.M. qui précède le passage au méridien	5 31	Retranchez ce temps de l'heure du passage au méridien.
Heure T.M. du passage au mérid. le 17	17 41 52	
Heure présumée du lever T.M. ...... le 17	12 10 52	

3° Étant donnée l'heure approchée, calculer l'heure exacte

H. présum. du lever le 17	12ʰ 10ᵐ 52ˢ		
Longitude en temps .... +	3 29 20	Ajoutez quand la long. est O.; retranch. quand elle est E.	
H. corresp. de Paris le 17	15 40 12	Avec cette heure, calculez la déclinaison de la Lune.	
Décl. de la L. le 17 à 12ʰ	19° 50' 26'' B		
*Partie prop. p*ʳ 3ʰ 40ᵐ 12ˢ	16 49		
Déclinaison calculée	20 07 15 B	Log. tang.	9,563896
Latitude du lieu	26 30 00 S	Log. tang.	9,697736
		Somme — 10.	9,261632 C'est le cos. de l'ang. h.
Angle h. au mom. du lev.	79° 28' 33''	L'angle hor. est plus petit que 90° lorsque la lat. et la déclin. sont de différents noms.	
Angle hor. réd. en temps	5ʰ 17ᵐ 53ˢ	Ce sont des heures lunaires.	
Ret. de la Lune pour ce nombre d'heures.......... +	11 55		
Angle hor. réd. en T.M.	5 29 48	C'est le temps qui précède le passage au méridien.	
H. T.M. du passage le 17	17 41 52		
H. T.M. du lev. vr. le 17	12 12 04		

N° 18

2ᵐᵉ MÉTHODE POUR TROUVER L'HEURE T.M. DU LEVER VRAI DE LA LUNE

Le 17 Septembre, étant par 26° 30' lat. S. et 52° 20' long. O., on demande l'heure T.M. du lever vrai du centre de la Lune. — Heure présumée 12ʰ 11ᵐ.

Lorsque l'heure présumée du lever est connue, comme dans le cas qui nous occupe, il est préférable d'opérer de la manière suivante :

H. présumée du lev. le 17	12ʰ 11ᵐ	
Long. en temps .... +	3 29 20	Ajoutez quand la long. est O.; retranchez quand elle est E.
H. corresp. de Paris le 17	15 40 20	Calculez pour cette heure, l'asc. droite moyenne, l'asc. droite de la Lune et la déclin. de la Lune.

Ascen. droite moy. à 0^h	$11^h 43^m 16,0$
Table III { pour 15^h	$2^s 27,85$
Table III { 40^m	6,57
Table III { 20^s	0,06
Asc. droite moy. calculée	11 45 50,48

Asc. dr. la Lune à 12^h.	76° 50' 51"		
Partie prop. p^r $3^h 40^m 20^s$	2 06 05	Déclin. | à 12^h.............	19° 50' 26"B
		Partie prop. p^r $3^h 40^m 20^s$ +	16 50
Ascens. droite calculée ..	78 56 56		
En temps	$5^h 15^m 47^s,7$	Déclinaison calculée	20 07 16 B
Déclinaison calculée	20° 07' 16"B	Log. tang.	9,563896
Lat. du lieu	26 30 S	Log. tang.	9,697736
		Somme — 10.	9,261632 C'est le cos. de l'angle h
Angle hor. du lever	79° 28' 33"		
En temps	$5^h 17^m 53^s$		

L'angle hor. est moindre que 90° quand la lat. et la déclin. sont de différents noms.

S'il s'agissait du coucher, cet angle serait l'heure astronomique de la Lune ; mais comme l'astre est dans l'Est, on retranche l'angle horaire de 24^h.

Heure astronomique ☾.	18 42 07
Asc. droite ☾	+ 5 15 47,7
Somme	23 57 54,7
Asc. droite moyenne	—11 45 50,5
H. T.M. du lever	12 12 04,2

N° 19

TROUVER L'HEURE T.M. DU LEVER APPARENT DU SOLEIL

Le 18 Juin, étant par 44° 28' lat. S. et 56° 30' long. O., l'œil étant élevé de $7^m,2$: on demande l'heure T.M. du lever appar. du bord supér. du Soleil. Heure présum. $7^h 35^m$ du mat.

Si l'on ne connaissait pas l'heure approchée du lever, on en chercherait une à l'aide de la Table XIV.

H. approch. du lev. le 17	$19^h 35^m$	
Longit. en temps.........	+ 3 46	Ajoutez quand la long. est O.; retranchez quand elle est E.
H. corresp. de Paris le 17	23 21	Avec cette heure, calculez la décl. du Soleil et l'équat.

Déclin. du Soleil.... le 17	23° 23' 08"B	Equateur du temps le 17..	$0^h 00^m 29^s,9$
Partie prop. p^r $23^h 21^m$	1 38	*Partie prop. pour* $23^h 21^m$.	11 ,7
Déclin. calculée.............	23 24 46 B	Equation calculée............	0 00 36 ,6
Distance polaire	113 24 46		

Pour obtenir la dist. pol., on ajoute la déclin. à 90°, lorsqu'elle est d'un nom contraire à la lat. ; si la lat. et la décl. sont de même nom, on retran. cette dern. de 90°.

Calcul de l'Angle horaire

Ajoutez à....................	90° 00' 00"		
1° la réfr.—paral. ☉ à l'h^on	33 37		
2° la dépr. p^r l'élév. de l'œil	4 45		
Somme...........	90 38 22		
Demi-diamètre..............	15 46	Ajoutez s'il s'agit du bord supér, retranchez s'il s'agit du bord inférieur.	
Dist. zénithale....	90 54 08		
Comp. de la latitude..	45 32 00	C. Log. sin.	0,146510
Distance polaire........	113 24 36	C. Log. sin.	0,037306
Somme	249 50 44		
½ *Somme*	124 55 22	Log. sin.	9,913774
½ *Somme — dist. zén.*	34 01 14	Log. sin.	9,747792
		Somme	19,845382
		½ *Somme*	9,922691 C'est le cos. du demi-angle horaire.
Demi-angle horaire	33° 10' 57"		
Angle horaire	66 21 54		
En temps	4h 25m 27s,6	Retranchez cet angle horaire de 12h pour avoir l'heure T.V. du lever.	
H. T.V. du lever app....	7 34 32,4	du matin.	
Equation du temps.........	0 00 36,6		
Heure T.M. du lever......	7 35 09		

N° 20

TROUVER L'HEURE T.M. DU COUCHER APPARENT DE LA LUNE

Le 21 Septembre, étant par 39° 45' lat. N. et 95° 50' long. O., l'œil étant élevé de 8m, on demande l'heure T.M. du coucher apparent du bord inférieur de la Lune.

1° Calculer l'heure du passage au méridien

Passage de la Lune au méridien de Paris le 20..	20h 24m	Voyez le type n° 8.
Passage de la Lune au méridien de Paris le 21..	21 22	
Différence des Passages	58	
Partie prop. pour 6h 23m 20s de long. O..........	15 28s	
Passage de la Lune au mérid. du lieu le 20......	20 39 28	

2° Chercher une heure approchée du Coucher

En supposant que la Lune se couche environ 6^h après son passage au méridien, l'heure du bord à cet instant sera $20^h\ 39^m + 6^h$ ou le 21 à $2^h\ 39^m$: l'heure correspondante de Paris sera 9^h environ ; la déclin. pour cette heure est 19° B. En entrant dans la Table XIV avec 40° de latitude et 19° de déclinaison, on trouve $1^h\ 07^m$ pour différence ascensionnelle. Comme la latitude du lieu et la déclinaison de la Lune sont de même nom, l'angle horaire de cet astre au moment du coucher doit être plus grand que 6^h, on aura donc :

Angle horaire présumé au moment du coucher....	$7^h\ 07^m$
Table IX. Pour 58^m de différence et $7^h\ 07^m$.........+	17 3
T.M. écoulé depuis le passage........................	7 24 3
Heure T.M. du passage.........................le 20	20 39 5
Heure présumée du coucher....................le 21	4 03 8

3° Etant donnée l'heure approchée, trouver l'heure exacte

H. prés. du couch. le 21.	$4^h\ 03^m 48^s$		
Long. en temps..............+	6 23 20	Ajoutez quand la long. est O.; retranchez quand elle est E.	
H. corresp. de Paris le 21	10 27 08	Calculez, pour cette heure, l'asc. droite moyenne, l'asc. droite de la Lune, la décl. de la Lune, la parall. horiz. et le dernier demi-diamètre.	
Asc. droite moy. à 0^h	$11^h\ 59^m 02^s 2$	Asc. dr. de la Lune à 0^h..	127° 47' 31"
pour 10^h	1 38,57	*Partie prop. p^r $10^h 27^m 08^s$*+	6 34 49 5
27^m	4,44	Asc. droite calculée	134 22 20 5
08^s	0,02	*En temps*	$8^h\ 57^m 29^s\ 3$
Asc. droite moy. calculée	12 00 45,23		
Déclin. de la Lune à 0^h..	19° 54' 44" B		
Partie prop. p^r $10^h 17^m 08^s$—	1 08 23		
Déclin. calculée	18 46 21 B		
Distance polaire	71 13 39	Quand la lat. et la décl. sont de même nom, retranchez la décl. de 90° pour avoir la dist. polaire; si la lat. et la décl. étaient de nom contraire, vous retrancheriez cette dernière de 90°.	
Parall. équat. le 21 à 0^h	59' 38"	Demi-diamètre le 21 à 0^h...	16' 15"
Partie prop. p^r $10^h\ 27^m$+	21 8	*Partie prop. pour $10^h\ 27^m$*..+	6
Parallaxe calculée.........	59 59 8	Demi-diamètre calculé	16 21

Ajoutez à........................	90° 00' 00"		
La réfraction à l'horizon..	33 48		
La dépr. p^r l'élév. de l'œil	5 01		
Somme.........	90 38 49		
De cette somme, retranchez la parall..............	1° 00' 00"	En ne tenant pas compte des dixièmes de seconde.	
Différence......	89 38 49		
Demi-diamètre............	16 21	Ajoutez s'il s'agit du bord supérieur, retranchez s'il s'agit du bord inférieur.	
Distance zénithale...	89 22 28		
Comp. latitude........	50 15 00	C. Log. sin.	0,114163
Distance polaire......	71 13 39	C. Log. sin.	0,023740
Somme...............	210 51 07		
½ *Somme*	105 25 33	Log. sin.	9,984070
½ *Somm — dist. zén.*	16 03 05	Log. sin.	9,441694
		Somme ..	19,563667
		½ *Somme*	9,781833 C'est le cos. du demi-angle horaire.
Demi-angle horaire.........	52° 45' 52"		
Angle horaire..................	105 31 44		
Angle horaire en heures..	$7^h 02^m 07^s$	Cet angle horaire est égal à l'heure astron. de la Lune, lorsqu'il s'agit du coucher; mais, s'il s'agissait du lever, on retrancherait cet angle de 24^h.	
Asc. droite de la Lune	8 57 29,3		
Somme........	15 59 36,3		
Ascens. droite moyenne ..	—12 00 45,2		
Heure T.M. du coucher ..	3 58 51,1		

Remarque. — Pour passer de l'angle horaire de la Lune à l'heure moyenne correspondante, on aurait pu se dispenser de calculer l'asc. droite moyenne et l'asc. droite de la Lune, en opérant de la manière suivante :

Angle hor. au moment du coucher	$7^h 02^m 07^r$	Ce sont des heures lunaires.
Ret. de la Lune p^r ce nomb. d'heures +	17 02	
Angle hor. réd. en temps moyen..	7 19 09	C'est le T.M écoulé depuis le passage au mér.
Heure T.M. du passag ...... le 20	20 39 28	
Heure T.M. du coucher ...... le 21	3 58 37	

N° 21

TROUVER L'HEURE T.M. DU LEVER APPARENT D'UNE ÉTOILE

Le 17 Septembre, étant par 38° 56' lat. S. et 39° 17' long. O., l'œil étant élevé de $7^m 2$, on demande l'heure T.M. du lever apparent de l'étoile Fomalhaut.

Ascension droite de l'Etoile	$22^h 49^m 26^s 9$	Voy. le Type n° 13
Ascension droite moyenne à 0^h	—11 43 16	
Heure approchée du passage	11 06 10, 9	
Partie prop. pour cette heure (Table IV) —	1 49, 14	
Heure du passage à Paris	11 04 21, 76	
Partie prop. pour longitude (Table IV) —	25, 74	
Heure du passage au méridien	11 03 56, 02	

Décl. de Fomalhaut le 17 — 30° 24' 25" A
Distance polaire — 59 35 35

Pour obtenir la distance pol., retranchez la déclin. de 90°, lorsqu'elle est de même nom que la lat. : ajoutez la déclin. à 90°, dans le cas contraire.

Ajoutez à	90° 00' 00"		
La réfraction à l'horizon	33 48		
La dépr. p^r l'élév. de l'œil	4 45		
Distance zénithale.	90 38 33		
Complém. latitude	51 04 00	C. Log. sin.	0,109089
Distance polaire	59 35 55	C. Log. sin.	0,064265
Somme	201 18 08		
½ *Somme*	100 39 04	Log. sin.	9,992452
½ *Somme—dist. zén.*	10 00 31	Log. sin.	9,240040
		Somme ..	19,405846
		½ *Somme*	9,702923 C'est le cos. du demi-angle horaire.

Demi-angle horaire	59° 41' 50"
Angle horaire	109 23 40
Angle horaire en temps	$7^h 57^m 34^s 7$
Table IV pour $7^h 57^m 34^s$—	1 18, 2
T.M. qui précède le pass.	7 56 16, 5
H. du passage au mérid.	11 03 56, 0
Heure T.M. du lever	3 07 39, 5

C'est le T.S. qui précède le passage au méridien.

N° 22

TROUVER L'HEURE DU COMMENCEMENT DU JOUR

Le 8 Juin, étant par 32° 41' lat. N. et 52° 17' long. E.; on demande l'heure du lever du jour.

Déclin. le 8 Juin	22° 49' B	Une déclinaison approchée suffit.	
Distance polaire	67 11		
Distance zénithale	108 00	Quantité constante.	
Comp. de la latitude	57 19	C. Log. sin.	9,07486
Distance polaire	67 11	C. Log. sin.	0,03539
Somme	232 30		
½ *Somme*	116 15	Log. sin.	9,95273
½ *Somme — distance zénithale*	8 05	Log. sin.	9,15683
		Somme	19,21981
		½ *Somme*	9,50990 C'est le cos. du demi-angle horaire.
Demi-angle horaire	65° 58'		
Angle horaire	131 56		
Angle horaire en temps	8h 47m 42s	Retranchez l'angle hor. de 12h pour avoir l'heure du mat.	
Heure demandée	3 12 18		

N° 23

TROUVER L'HEURE DE LA NUIT CLOSE

Le 18 Septembre étant par 41° 13' lat. S. et 18° 40' long. O.; on demande l'heure de la fin du crépuscule.

Déclinaison le 18 Sept.	2° 00' B	Une déclinaison approchée suffit.	
Distance polaire	92 00		
Distance zénithale	108 00	Quantité constante.	
Comp. de la latitude	48 47	C. Log. sin.	0,12365
Distance polaire	92 00	C. Log. sin.	0,00027
Somme	248 47		
½ *Somme*	124 23	Log. sin.	9,91660
½ *Somme — distance zénithale*	16 23	Log. sin.	9,45034
		Somme	19,49086
		½ *Somme*	9,74543 C'est le cos. du demi-angle horaire.

Demi-angle horaire................ 56° 11'
Angle horaire........................ 112 22
Angle horaire en temps ou heure demandée 7^h 29^m du soir.

PASSAGE AU PREMIER VERTICAL.

N° 24

TROUVER L'HEURE DU PASSAGE DU SOLEIL AU PREMIER VERTICAL

Le 17 Juin, étant par 54° 32' lat. N. et 62° 11' long. E., l'œil étant élevé de 7^m,2, on demande l'heure du passage du soleil au premier vertical, et la hauteur instrumentale du bord inférieur de cet astre au même instant. Heure présumée 7^h 12^m du matin. Erreur instrumentale — 3' 15".

1° Trouver l'heure du passage

Heure présumée le 16	$19^h 12^m 00^s$			
Longitude en temps	— 4 08 44	Retranch. quand la long. est E.; ajoutez quand elle est O.		
H. corresp. de Paris le 16	15 03 16	Calculez la déclinaison pour cette heure.		
Déclinaison le 16 à 0^h	23° 21' 02"B			
Partie prop. pour $15^h 3^m$	1 19			
Déclinaison calculée	23 22 21 B	Log. tang.	9,635654	
Latitude du lieu	54 32	L. cotang.	9,852733	
		Somme — 10.	9,488387	C'est le cos. de l'ang. h.
Angle horaire du matin ..	72° 04' 07"			
En temps	4 48 16,5			
Heure T.V. du lieu........	7 11 43,5	L'heure T. V. du matin s'obtient en retranchant l'angle horaire de 24^h.		

2° Calculer la hauteur

Heure T.V. du lieu le 16	$19^h 11^m 43^s$,5	Trouvée par le calcul précédent.
Longitude en temps	— 4 08 44	Retranchez la long. quand elle est E.; ajoutez-la quand elle est O.
Heure T.V. de Paris le 16	15 02 59 ,5	Calculez l'équation du temps pour cette heure.
Equation du temps	0 0 20	
Heure T.M. de Paris le 16	15 03 19 ,5	Calculez la déclinaison pour cette heure.

Déclin. le 16 à 0^h.........	23° 21' 02"B		
Partie prop. p^r 15^h 03^m..	1 19		
Déclinaison calculée	23° 22' 21"B	Log. sin.	9,598470
Lat. du lieu	54 32	C. L. sin.	9,089134
		Somme	9,687604 C'est le sin. de la haut.
Hauteur vraie du centre....	29° 08' 57"		
Demi-diamètre	— 15 46	Retranchez pour avoir la haut. vraie du bord inférieur ; ajoutez pour avoir celle du bord supérieur.	
Haut. vraie du bord infér.	28 53 11		
Refraction — parall.........+	1 38		
Haut. apparente du bord..	28 54 49		
Dépression (Table V) ....+	4 45		
Haut. observée du bord..	28 59 34		
Erreur instrumentale ....+	3 15	Appliquez l'erreur instrum. avec un signe contraire.	
Hauteur instrumentale......	29 02 49		

N° 25

TROUVER L'HEURE DU PASSAGE DU SOLEIL AU PREMIER VERTICAL.

Le 20 Juin, étant par 38° 15' lat. N. et 46° 50' long. O., on demande l'heure du passage du soleil au premier vertical, et la hauteur instrumentale du bord inférieur de cet astre au même instant. Heure présumée 3^h 40^m du soir ; élévation de l'œil 6^m,8 ; erreur instrumentale + 5' 30".

1° Trouver l'heure du passage

Heure présumée le 20....	3^h 40^m soir		
Long. en temps ....+	3 07 20	Ajoutez si la longitude est O. ; retranchez si elle est E.	
Heure corresp. de Paris ..	6 47 20	Calculez la déclinaison pour cette heure.	
Déclinaison le 20 à 0^h..	23° 26' 57" B		
Partie prop. pour 6^h 47^m+	7		
Déclinaison calculée......	23 27 04 B	Log. tang.	9.637288
Latitude du lieu	38 15	L. cotang.	10.103288
		Somme — 10.	9.740576 C'est le cos. de l'angle h.
Angle hor. du soir	56° 36' 52"		
En temps	3^h 46^{m}27^s, 5	C'est l'heure T.V. du lieu.	

2° Calculer la hauteur

Heure T.V. du lieu le 20	3h 46m 27s,5	Trouvée par le calcul précédent.
Longitude en temps........+	3 07 20	Ajoutez si la longitude est O. ; retranchez si elle est E.
Heure T.V. de Paris	6 53 47 ,5	Calculez l'équation du temps pour cette heure.
Equation du temps..........+	0 01 20 ,3	
Heure T.M. de Paris le 20	6 55 07 ,8	Calculez la déclinaison pour cette heure.
Déclinaison le 20 à 0h..	23° 26' 57", B	
Partie prop. pr 6h 55m..+	7 ,6	
Déclin. calculée	23 27 04 .6B	Log. sin..... 9,599849
Latitude du lieu	38 15	C. Log. sin. 0,208243
		Somme .. 9,808092 C'est le sin. de la h.
Hauteur vraie du centre..	40° 00' 10"	
Demi-diamètre ....—	15 46	Retranchez pour avoir la haut. vraie du bord inf.; ajoutez pour avoir celle du bord supérieur.
Hauteur vraie ☽	39 44 24	
Réfr. — parall..............+	1 03	
Hauteur apparente ☽	39 45 27	
Dépression ....+	4 37	
Hauteur observée ☽	39 50 04	
Erreur instrumentale ......—	5 30	Appliquez l'erreur de l'instr. avec un signe contraire.
Hauteur instrumentale ..	39 44 34	

N° 26

PASSAGE DE LA LUNE AU PREMIER VERTICAL

Le 19 Septembre, étant par 41° 17' lat. N. et 96° 30' long. E., on demande l'heure du passage de la lune au premier vertical *du côté de l'Est*, et la hauteur instrumentale du bord inférieur de cet astre au même instant. Elévation de l'œil 7m; erreur instrumentale — 1' 15".

1° Trouver l'heure du passage au méridien

Passage de la Lune au méridien de Paris le 19..	19h 25m	Voyez le type n° 10.
Passage précédent. ....le 18..	18 28	
Différence diurne	57	
Partie proportionnelle pour 6h 26m long.	18 14s	
Passage au mérid. du lieu le 19........................	19 06 46	

2° Trouver une heure approchée du passage au premier vertical

En supposant que la Lune passe au premier vertical environ 3ʰ avant de passer au méridien, l'heure du bord, à cet instant, sera 19ʰ 06ᵐ 46ˢ — 3ʰ ou environ 16ʰ : l'heure de Paris correspondante sera environ 10ʰ. On trouve dans la Connaissance des Temps que la déclinaison de la Lune vers cette heure est d'environ 21° B.

Entrant dans la Table XIV avec 21° de déclinaison et 41° de latitude, on trouve : *angle horaire* = 4ʰ 15ᵐ : c'est l'angle horaire présumé au moment du passage au premier vertical.

Angle hor. présumé	$4^h\ 15^m$	Il est exprimé en heures lunaires.
Pour 54ᵐ retard diurne et 4ʰ 15ᵐ (T. IX) +	12	
Angle horaire présumé en T.M...............	4 27	C'est le T.M. qui précède le passage au méridien.
Heure T.M. du passage au méridien	19 06 46	
Heure T.M. présum. du pass. au 1ᵉʳ vert.	14 39 46	

3° Étant donnée l'heure approchée, trouver l'heure exacte

H. présumée le 19	$14^h\ 39^m 46^s$		
Longitude Est............... —	6 26		
H. correspond. de Paris	8 13 46	Calculez pour cette heure la déclin. de la Lune.	
Déclinaison à 0ʰ	21° 45' 42" B		
Partie prop. pʳ 8ʰ 13ᵐ46ˢ +	1 42		
Déclinaison calculée	21 47 24 B	Log. tang.	9.601785
Latitude du lieu	41 17	L. cotang.	10.056502
		Somme — 10.	9.658287 C'est le l. cos. de l'ang. h.
Angle horaire	62° 55'		
Angle horaire en temps ..	$4^h\ 11^m 40^s$	Il est exprimé en heures lunaires.	
Ret. de la Lune pour ce nombre d'heures.......... +	11 58		
Angle horaire en T.M....	4 23 38	C'est le T.M. qui précède le passage au méridien.	
H. du passage au mérid..	19 06 46		
H. du pass. au 1ᵉʳ vert.	14 43 08		

4° Calculer la hauteur

Heure du lieu T.M. le 19..	$14^h\ 43^m 08^s$	Trouvée par le calcul précédent.
Longitude en temps........... —	6 26	
Heure corresp. de Paris	8 17 08	Calculez pour cette heure les éléments de la Lune.

Décl. calc. p^r l'h. précédente	21° 47' 25"		
Parallaxe horizontale........	58 05		
Demi-diam. horizontal......	15 51		
Déclinaison calculée..........	21 47 25	Log. sin......	9,569640
Latitude du lieu...............	41 17 00	C. Log. sin.	0,180599
		Somme — 10.	9,750239 C'est le l. sin. de la h.

Hauteur vraie du centre.	34° 14" 22'
Demi-diamètre ....—	15 51
Hauteur vraie ☾	33 58 31
Parall. — Refract...........—	47 08
Hauteur apparente ☾	33 11 23
Dépression ....+	4 41
Hauteur observée ☾........	33 16 04
Erreur de l'instrument ....+	1 15
Hauteur instrumentale ..	33 17 19

Appliquez l'erreur de l'instr. avec un signe contraire.

N° 27

TROUVER L'HEURE DU PASSAGE D'UNE ÉTOILE AU PREMIER VERTICAL

Le 21 Juin, étant par 36° 52' latitude S. et 50° 45' long. E, on demande l'heure du passage de la Vierge (Epi) au premier vertical, du *côté de l'Ouest*, et la hauteur instrumentale au même instant ; Élévation de l'œil 7,8 ; erreur instrumentale + 2' 30".

1° Trouver l'heure du passage au méridien

Ascension droite de l'Etoile............................	13^h 17^m 21^s 9	Voy. le Type n° 13
Ascension droite moyenne le 21 à midi..........—	5 56 19 1	
Heure approchée du passage	7 21 02,8	
Table IV pour 7^h 21^m 02^s ....—	1 12,26	
Heure du passage au méridien de Paris	7 19 50,54	
Table IV pour 3^h 23^m *longitude E*.................+	33,26	
Heure du passage au méridien.....................	7 20 23,80	

2° Trouver l'heure du passage au premier vertical

Déclinaison de l'étoile....	10° 23' 00",7	Log. tang.	9,263017
Latitude du lieu	36 52	L. cotang.	10,124990
		Somme — 10.	9,388007 C'est le log. cos. de l'angle horaire.

Angle hor. de l'étoile dans l'O	75° 51' 24"	
Angle horaire réduit en temps....	5h 03 25 ,6	C'est le temps sidéral écoulé depuis le pass. au méridien.
Table IV pour 5h 03m 25s,6 ....—	49 ,7	
T.M. écoulé dep. le pass. au mér.	5 02 35 ,9	
Heure du passage au méridien....	7 20 23 ,8	
Heure T.M. du pass. au 1er vert.	12 22 59 ,7	

3° Calculer la hauteur

Déclinaison de l'étoile....	10° 23' 00",7	Log. sin.....	9,255845	
Latitude du lieu	36 52	C. Log. sin.	0,221881	
		Somme	9,477726	C'est le log. sin. de la hauteur.
Hauteur vraie	17° 28' 58"			
Réfraction moyenne ....+	3 03			
Hauteur apparente..........	17 32 01			
Dépression ....+	4 57			
Hauteur observée............	17 36 58			
Erreur instrumentale ......—	2 20			Appliquez l'erreur de l'instr. avec un signe contraire.
Hauteur instrumentale ..	17 34 38			

ANGLE DE POSITION

N° 28.

ANGLE DE POSITION. — SOLEIL.

Le 10 Juin, étant par 12° 15' latitude N. et 54° 18' longitude E., on demande l'heure à laquelle l'angle de position du Soleil sera droit (le matin), et la hauteur observée de cet astre au même instant. Elévation de l'œil 7m,2.

H. supp. 9h du mat. le 9	21h 00m 00s	
Longitude en temps.........—	3 37 12	Retranchez si la longitude est E. ; ajoutez si elle est O.
H. corresp. de Paris le 9..	17 22 48	Calculez la déclinaison pour cette heure.

Déclinaison le 9 à 0^h......	22° 54' 54"B		
Partie proportionnelle	3 35		
Déclinaison calculée........	22 58 29 B	L. cotang.	10,372675
Latitude du lieu.............	12 15	Log. tang.	9,336702
		Somme — 10.	9,709377 C'est le cos. de l'angle horaire.
Angle horaire du matin..	59° 11' 40"		
Angle horaire en temps..	$3^h\ 56^m 26^s,7$	Retranchez l'ang. hor. du matin de 12^h, vous aurez l'heure T.V.	
Heure T. V. du matin ..	8 03 33 ,3		

Calculer la hauteur

Heure du lieu T.V. le 9.	$20^h\ 03^m 33^s,3$	D'après le calcul précédent.
Longitude en temps	— 3 37 12	
H. corresp. de Paris le 9.	16 26 21 ,3	Calculez l'équation du temps pour cette heure.
Equation calculée...........	+ 11 58 55 ,1	
H. T.M. de Paris le 9.	16 25 16 ,4	Calculez la déclinaison du Soleil pour cette heure.
Déclinais. du Soleil à 0^h	22° 54' 54"B	
Part. prop. pour $16^h 25^m$	3 23	

Déclinaison calculée	22 58 17 B	C. Log. sin.	0,408633
Latitude du lieu.............	12 15	Log. sin.....	9,326700
		Somme	9,735333 C'est le l. sin. de la h.
Hauteur vraie du centre.	32° 56' 01"		
Demi-diamètre	15 47	Retranch. pour avoir la haut. vraie du bord inf.; ajoutez pour avoir celle du bord supér.	
Hauteur vraie du ☉	32 40 14		
Réfract. — parall..........+	1 23		
Hauteur apparente ☉	32 41 37		
Dépression ....+	4 45		
Hauteur observée...........	32 46 22		

N° 29

ANGLE DE POSITION. — SOLEIL.

Le 8 Juin, étant par 92° 17' long. O., et 10° 23' latitude N., on demande l'heure à laquelle l'angle de position du Soleil sera droit (*le soir*), et la hauteur observée de cet astre au même instant. Elévation de l'œil 8m.

Heure supposée le 8	3h 30m 00s	
Longitude en temps ....+	6 09 08	Ajoutez si la longitude est O. ; retranchez si elle est E.
Heure corresp. Paris le 8	9 39 08	Calculez la déclinaison pour cette heure.
Déclinaison à 0h..........	22° 49' 33"B	
Partie prop. pr 9h 39m....	2 09	
Déclinaison calculée	22 51 42 B	L. cotang. 10,375070
Latitude du lieu	10 23	Log. tang. 9,263005
		Somme — 10. 9,638075 C'est le cos. de l'ang. h.
Angle hor. du soir	64° 14' 28"	
Angle hor. en temps........	4h 16m 57s,9	C'est l'heure T.V. du soir.

Calcul de la hauteur

Heure T.V du lieu le 8..	4h 16m 57s,9	D'après le calcul précédent.
Longitude en temps ....+	6 09 08	
Heure de Paris T.V.	10 26 05 ,9	Calculez l'équation du temps pour cette heure.
Equation calculée ....+	11 58 40 ,9	
Heure de Paris T.M.	10 24 46 ,8	Calculez la déclinaison pour cette heure.
Déclinaison à 0h	22° 49' 33"B	
Partie prop. pr 10h 24m..	2 19	
Déclinaison calculée........	22 51 52 B	C. Log. sin. 0,410551
Latitude du lieu	10 23 N	Log. sin..... 9,255834
		Somme ...... 9,666385 C'est le log. sin. de la h.
Hauteur vraie du centre.	27° 38' 11"	
Demi-diamètre............... —	15 47	Retranch. pour avoir la haut. vraie du bord inf.; ajoutez pour avoir celle du bord sup.
Hauteur vraie ☉	27 22 24	
Réfract. — parall. ....+	1 44	
Hauteur apparente ☉	27 24 08	
Dépression.....................+	5 01	
Hauteur observée ☉	27 29 09	

N° 30.

ANGLE DE POSITION — PLANÈTE

Le 25 Septembre, étant par 5° 11" lat. N. et 65° 20' long. E., on demande l'heure à laquelle l'angle de position de la planète *Mars* sera droit (*dans l'Est*), et la hauteur observée de cet astre au même instant. Elévation de l'œil 7m,8.

1° Trouver l'heure du passage au méridien

Passage de *Mars* au méridien de Paris le 21	18h 58m	Voy. le type n° 12.
» » le 27	18 49	
Avance en 6 jours..	11	
Avance pour 4 jours	7 20s	
Passage de *Mars* au méridien de Paris le 25	18 50 40	
Partie proportionnelle pour 4h 22m *long. E*........	20	
Passage de *Mars* au méridien du lieu le 25......	18 51 00	

2° Trouver une heure approchée

En supposant que l'angle de position soit droit 3h avant le passage de la planète au méridien, on comptera à bord, à cet instant, 18h 51m — 3h ou 15h 51m; l'heure correspondante de Paris sera 11h 30m environ. On trouve dans la Connaissance des Temps que la déclinaison de *Mars* à cette époque est d'environ 23° B.

Entrant dans la Table XIV avec 23° de déclinaison et 5° de latitude, on trouve : *angle horaire* = 5h 12m : c'est l'angle horaire présumé de la planète au moment où l'angle de position est droit.

Angle horaire présumé..	5h 12m 00s	Il est exprimé en heures de la planète.
Avance de la planète pr ce nombre d'heures.........—	24	
Ang. hor. prés. en T.M.	5 11 36	C'est le T.M. qui précède le passage au méridien.
H. du pass. au mérid......	18 51 00	
Heure T.M. présumée ..	13 39 24	

3° Avec l'heure approchée, trouver l'heure exacte

H. du lieu présum. le 25	13h 39m 24s	
Longitude E ....—	4 21 20	
H. de Paris correspond.	9 18 04	Calculez pour cette époque la déclin. de la planète.

Déclin. de la plan. le 21	23° 18' B	
Part. prop. p^r 4 j. 9^h 18^m —	10 58	
Déclinaison calculée........	23 07 02 B	L. cotang. 10,369682
Latitude du lieu..............	5 11	Log. tang. 8,957674
		Somme — 10. 9,327356 C'est le log. cos. de l'ang. hor.
Angle hor. dans l'Est	77° 43' 52"	
Angle hor. en temps	5 10 55 ,5	Il est exprimé en heures de la planète.
Avance de la planète p^r ce nombre d'heures..........—	23 ,6	
Angle hor. en T.M.........	5 10 31 ,9	C'est le T.M. qui précède le passage au méridien.
Heure du pass. au mérid.	18 51 00	
Heure demandée	13 40 29 ,1	

4° Calcul de la hauteur

Déclinaison calculée........	23° 07' 02"	C. Log. sin. 0,406035
Latitude du lieu..............	5 11	Log. sin. 8,955894
		Somme ...... 9,361929 C'est le l. sin. de la h.
Hauteur vraie	13 18 12	
Parall. en haut. (T. VII.) —	5,8	
Réfract. moy. (Tab. VI) ..+	4 01	
Hauteur apparente..........	13 22 07,2	
Dépression (Table V)........+	4 57	
Hauteur observée............	13 27 04,2	

N° 31

ANGLE DE POSITION — ÉTOILES

Le 15 Juin, étant par 6° 17' latit. N. et 46° 22' long. E., on demande l'heure à laquelle l'angle de position de l'étoile *Régulus* sera droit (*du côté de l'Ouest*), et la hauteur observée de cet astre au même instant. Elévation de l'œil 8^m,2.

1° Trouver l'heure du passage au méridien

Ascension droite de *Régulus* le 15	$10^h\,00^m25^s,7$	Voy. le type n° 13.
Ascension droite moyenne le 15 à 0^h............ —	5 32 39 ,8	
Heure approchée du passage........................	4 27 45 ,9	
Table IV pour $4^h\,27^m\,45^s,9$ ....—	43 ,86	
Heure du passage au méridien de Paris.........	4 27 02 ,04	
Table IV pour $3^h\,05^m\,28^s$ *longitude E*..........+	30 ,39	
Heure du passage au méridien	4 27 32 ,43	

2° Trouver l'heure demandée

Déclin. de *Régulus* le 15 ..	12° 41' 34"	Log. cotang.	10,647379	
Latitude du lieu	6 17	Log. tang.	9,041813	
		Somme — 10.	9,689192	C'est le cos. de l'ang. horaire.
Angle hor. dans l'Ouest.	60 44 01			
Angle hor. en temps	$4^h\,02^m\,56^s,1$			C'est le temps sidéral écoulé dep. le pass. au mérid.
Table IV pour $4^h\,02^m\,56^s$—	39 ,8			
Angle horaire en T.M	4 02 16 ,3			C'est le temps moyen écoulé depuis le passage.
Heure T.M. du passage..	4 27 32 ,4			
Heure T.M. demandée ..	8 29 48 ,7			

3° Calcul de la hauteur

Déclinaison de *Régulus*....	12° 41' 34"	C. Log. sin.	0,658124	
Latitude du lieu..............	6 17	Log. sin.	9,039197	
		Somme	9,697321	C'est le l. sin. de la h.
Hauteur vraie	29 52 29			
Réfraction moyenne..........+	1 41			
Hauteur apparente..........	29 54 10			
Dépression ....+	5 05			
Hauteur observée............	29 59 15			

VARIATION DU COMPAS

N° 32

PAR L'AMPLITUDE ORTIVE

Le 16 Juin, étant par 6° 18' latit. N. et 52° 13' long. O. à 5^h 50^m T. M. du matin, on a relevé le Soleil à l'E. 1/2 N. du compas, au moment où cet astre était à son lever vrai. On demande la variation du compas.

Heure du lieu le 15	$17^h 50^m 00^s$	Ajoutez quand la long. est O.; retranchez quand elle est E.		
Longitude O. .... +	3 28 52			
Heure corresp. de Paris	21 18 52	Calculez pour cette heure la déclin. du Soleil.		
Déclin. du ☉ à 0^h	23° 18' 31"B			
Part. prop. p^r 21^h 18^m +	2 14			
Déclinaison calculée....	23 20 45 B	Log. sin.	9,598002	
Latitude du lieu..........	6 18	C. Log. cos.	0,002631	
		Somme....	9,600633	C'est le log. sin. de l'amplitude.
Amplitude ortive......E	23° 29' 46"N	L'amplitude ortive se compte de l'E. vers le N., lorsque la déclinaison est Boréale; elle se compte de l'E. vers le S. dans le cas contraire.		
Relèvem^t au compas. E	5 37 N			
Variation	17 52 46 N-O	La variation est N.-O. parce que l'air de vent auquel répond le Soleil sur l'horizon est à gauche de l'air de vent auquel il répond sur le compas.		

N° 33

PAR L'AMPLITUDE OCCASE

Le 20 Juin, étant par 20° 41' lat. S. et 92° 11' long. E. à 5^h 23^m T.M. du soir, on a relevé le Soleil au O.-N.-O. 2° O. du compas, au moment où cet astre était à son coucher vrai. On demande la variation du compas.

Heure du lieu le 20	$5^h 23^m 00^s$	
Longitude E. .... —	6 08 44	Retranchez quand la long. est E.; ajoutez quand elle est O.
H. corresp. de Paris, le 19	23 14 16	Calculez pour cette heure, la déclin. du Soleil.

Déclin. ☉ le 19 à 0^h....	23° 26' 05"B		
Part. prop. p^r $23^h 14^m$	51		
Déclinaison calculée ..	23 26 56 B	Log. sin.	9,599827
Latitude du lieu	20 41	C. Log. sin.	0,028934
		Somme....	9,628761 C'est le log. sin. de l'amplitude.
Amplitude occase ....O	25° 10' 27"N	L'amplitude occase se compte de l'O. vers le N., lorsque la déclinaison est B.; elle se compte de l'O. vers le S. dans le cas contraire.	
Relèvemt au compas O	20 30 N		
Variation	4 40 27 N-E	La variation est N.-E. parce que l'air de vent auquel répond le Soleil sur l'horizon est à droite de l'air de vent auquel il répond sur le compas.	

N° 34

PAR L'AZIMUT D'UN ASTRE AU MOMENT DE SON LEVER APPARENT

Le 18 Juin, étant par 38° 22' lat. S. et 96° 11' long. E. à 7^h 17^m T.M. du matin, on a relevé le centre du Soleil au N.-E. 3° 15' E. du compas, au moment où le bord inférieur de cet astre était tangent à l'horizon visible : Élévation de l'œil 7^m,6 : on demande la variation du compas.

1° Préparation

Heure du lieu le 17.......	$19^h 17^m 00^s$	
Longitude E..................—	6 24 54	Retranchez quand la long. est E.; ajoutez quand elle est O.
H. corresp. de Paris le 17	12 52 16	Calculez pour cette heure la décl. du Soleil.
Déclinaison le 17 à 0^h....	23° 23' 08"B	
Part. prop. p^r $12^h 52^m$....	54	
Déclinaison calculée.......	23 24 02 B	
Distance polaire.............	113 24 02	Pour obtenir la dist. pol., ajoutez la déclin. à 90°, lorsqu'elle est d'une dénomination contraire à la lat.; retran. au contraire de 90°, quand elle est de même nom.
Ajoutez à......................	90° 00' 00"	
1° la Réfract. — parall. à l'horizon	33 37	
2° la dépress. (Table V)..	4 53	
Somme........................	90 38 30	
Demi-diamètre..............—	15 46	Retranchez s'il s'agit du bord inférieur, ajoutez s'il s'agit du bord supérieur.
Distance zénithale	90 22 44	

2° Azimut et Variation

Distance polaire...............	113° 24' 02''			
Comp. latitude.................	51 38	C. Log. sin.	0,105654	On peut se dispenser de tenir compte des secondes dans la recherche des logarithmes.
Distance zénithale	90 22 44	C. Log sin.	0,000009	
Somme............	255 24 46			
½ *Somme*...........	127 42 23	Log. sin.	9,898267	
½ *Somme—dist. pol.*	14 18 21	Log. sin.	9,392860	
		Somme	19,396790	
		½ *Somme*.	9,698395	C'est le log. cos. du demi-azimut.

Demi-azimut	60° 02' 40''	
Azimut ....S	120 05 20 E	L'azimut se compte à partir du S. lorsque la lat. est S., et à partir du N. lorsque la lat. est N.
Relèvm[t] au compas....S	131 45 00 E	Comptez l'angle de relèvement à partir du même point cardinal que l'azimut.
Variation....................	11 39 40 N-E	La variation est N.-E. parce que l'air de vent auquel répond le soleil sur l'horizon est à droite de l'air de vent auquel il répond sur le compas.

N° 35

PAR L'AZIMUT D'UN ASTRE AU MOMENT DE SON COUCHER APPARENT

Le 7 Juin, étant par 28° 17' lat. N. et 92° 11' long. O. à 1[h] 03[m] T.M. du matin, on a relevé le centre de la Lune au N.-O. ¼ O. du compas, au moment où le bord inférieur de cet astre était tangent à l'horizon visible : Elévation de l'œil 7[m],4. On demande la variation du compas.

1° Préparation

Heure du lieu le 6	13[h] 03[m] 00[s]	
Longitude O....................	+ 6 08 44	Ajoutez quand la long. est O.; retran. quand elle est E.
Heure corresp. de Paris ..	19 11 44	Calculez, p[r] cette heure, la déclin. de la Lune, le demi-diamètre horizontal et la parallaxe équatoriale.
Déclinais. le 6 à 12[h]........	8° 14' 38''B	
Part. prop. p[r] 7[h] 11[m] 44[s]	1 28 47	
Déclinaison calculée........	6 45 51 B	
Distance polaire	83 14 09	Pour obtenir la dist. polaire, ajoutez la décl. à 90° lorsqu'elle est d'une dénomination contraire à la lat., retranchez au contraire la décl. de 90° quand elle est de même nom que la latitude.
Demi-diam. horiz............	16 07,5	
Parall. équat. calculée	59 10,6	On peut se dispenser, dans ce calcul, de ramener la parall. à l'horizon du lieu.

Ajoutez à	90° 00' 00"	
1° la réfraction à l'horizon	33 48	
2° la dépression	4 49	
Somme.................	90 38 37	
Demi-diamètre ....—	16 07	Retranchez s'il s'agit du bord inf., ajoutez s'il s'agit du bord supérieur.
Reste	90 22 30	
Retranch. la parall. horiz..—	59 11	
Distance zénithale	89 23 19	

Azimut et variation

Distance polaire.............	83° 14' 09"			
Comp. latitude................	61 43	C. Log. sin.	0,055214	On peut se dispenser de tenir compte des secondes dans la rech. des logarithmes.
Distance zénithale	89 23 19	C. Log. sin.	0,000025	
Somme	234 20 28			
$\frac{1}{2}$ *Somme*	117 10 14	Log. sin.	9,949224	
$\frac{1}{2}$ *Somm — dist. pol.*	33 56 05	Log. sin.	9,746812	
		Somme	19,751275	
		$\frac{1}{2}$ *Somme* ..	9,875637	C'est le cos. du demi-azimut.

Demi-azimut.............	41° 19' 30"		
Azimut....................N	82 39	O	L'azimut se compte à partir du N. quand la lat. est N., et à partir du S. si la lat. est S.
Relèvem^t au compas N	56 15	O	Comptez le relèvem^t à partir du même point cardinal que l'azimut.
Variation	26 24	N-O	La variation est N.-O. parce que l'air de vent auquel répond l'astre sur l'horizon est à gauche de l'air de vent auquel il répond sur le compas.

N° 36.

PAR L'AZIMUT D'UN ASTRE SITUÉ AU-DESSUS DE L'HORIZON

Le 17 Septembre, étant par 48° 28' latitude N. et 7° 52' longitude O., à 4^h 58^m T.M. du soir, on a observé une hauteur du bord inférieur du Soleil de 10° 37' 15"; au même instant on relevait le centre de cet astre au O. $^1/_4$ N.-O. 1° O. du compas. L'œil était élevé de 7^m 4, et l'instrument avait une erreur de rectification de—3' 14". On demande la variation du compas.

Heure du lieu le 18....	4^h 58^m 00^s	
Longitude O..................+	31 28	Ajoutez quand la long. est O.; retr. quand elle est E.
Heure corresp. de Paris ..	5 29 28	Calculez pour cette heure la déclinaison du Soleil.

Déclinaison le 18	2° 00' 40" B	
Partie prop. pour 5^h 29^m	5 20	
Déclinaison calculée......	1 55 20 B	
Distance polaire	88 04 40	Pour obtenir cette dist. pol., retranch. la déclin. de 90° lorsqu'elle est de même nom que la lat.; ajoutez-la, au contraire à 90°, si elle est d'un nom contraire à la lat.

Correction de la hauteur

Hauteur instrumentale ..	10° 37' 15"	Voyez le type n° 1
Erreur instrumentale ......—	3 15	
Hauteur observée ☉	10 34 00	
Dépression ....—	4 49	
Hauteur apparente ☉	10 29 11	
Réfr. — parall...............—	4 47	
Hauteur vraie ☉	10 24 14	
Demi-diamètre	15 57	
Hauteur vraie du centre..	10 40 11	

Azimut et variation

Distance polaire.............	88° 04' 40"			
Latitude..........................	48 28	C. Log. cos.	0,178450	
Hauteur vraie	10 40 11	C. Log. cos.	0,007574	
Somme	147 12 51			
½ *Somme*.............	73 36 25	Log. cos.	9,450596	
½ *Somme — dist. pol.*	14 28 15	Log. cos.	9,985998	
		Somme..	19,622618	
		½ *Somme*	9,811309	C'est le cos. du demi-azimut.
Demi-azimut	49° 38' 20"			
Azimut .... N	99 16 40 O			L'azimut se compte du N. quand la latit. est N.
Relèvem^t au compas .... N	79 45 O			
Variation .... N-O	19 31 40			La variation est N.-O., parce que le rhumb de vent vrai est à gauche du rhumb de vent du compas.

N° 37

PAR LE PASSAGE DU SOLEIL AU CERCLE DE SIX HEURES

Le 10 Juin, étant par 28° 55' latitude N. et 52° 28' long. O., on a relevé le Soleil à l'E. 3° S. du compas, au moment où cet astre passait au cercle de six heures (*à 6h T.V. du matin*). On demande la hauteur instrumentale de l'astre au même instant et la variation du compas. Elévation de l'œil 6m,5 ; erreur de l'instrument + 2' 30".

Heure du lieu le 9	18h 00m 00s	T.V.	
Longitude Ouest............ +	3 29 52	Ajoutez quand la long. est O. retranch. quand elle est E.	
H. corresp. de Paris........	21 29 52	T.V.	
Equation du temps le 10..	11 58 59	L'équation du jour suffit.	
H. T.M. de Paris	21 28 51	Calculez, pour cette heure, la déclinaison du Soleil.	
Déclinais. du Soleil le 9	22° 54' 54"B		
Part. prop. pour 21h 29m	4 26		
Déclinaison calculée	22 59 20 B	Log. sin.....	9,591680
Latitude du lieu.............	28 55	Log. sin.....	9,684430
		Somme—10	9,276110 C'est le l. sin. de la h. vraie.
Hauteur vraie	10° 53',0		
Table VIII. Correction ....—	6 ,8		
Hauteur observée ☉........	10 46 ,2		
Erreur instrumentale ......—	2 ,5		
Hauteur instrumentale....	10 43 ,7	On reconnaitra qu'il est 6h du matin, lorsque le Soleil aura atteint cette hauteur ; c'est à ce moment qu'on le relèvera au compas.	

Azimut et variation

Déclinaison calculée........	22° 59' 20"	L. cotang.	10,372382
Latitude du lieu	28 55	Log. tang.	9,742261
		Somme — 10.	10,114643 C'est le l. tang. de l'azimut.
Azimut...................... N	52 28 30 E	L'azim. se compte à partir du N. quand la lat. est N.	
Relèvemt au compas ....N	93 00 00 E		
Variation .... N-O	40 32 30	La variation est N.-O. quand le relèvement vrai est à gauche du relèvement au compas.	

N° 38.

RELÈVEMENTS ASTRONOMIQUES

Le 14 Juin, vers 8^h 17^m T. M. du matin, étant en vue du cap Saint-Vincent, on a fait les observations suivantes :

Haut. obs. du bord inf. du Soleil	40°17' 00"	Le clocher était à gauche du vertical du Soleil.
Haut. obs. du clocher du monastère........	1 18 30	
Distance obs. du bord voisin du Soleil au clocher..	79 31 20	Dist. du nav. au cloch. 15,5 milles. Variation présumée 22° N.-O.
Relèvement au compas du clocher	N.-E. 1/4 N.	Elévation de l'œil 7^m,6.

On demande la variation du compas et la vraie position géographique du navire.

1° Trouver la position approchée du navire

Relèvem^t du monast.N	33° 45'	E	
Variation approchée....	22	N-O	
Relèvem^t présumé....N	11 45	E	
Milles de distance	15,5		
d'où l'on tire *Dist. N.-S.*	15,2		avec les Tables XV et XVI.
Dist. E.-O.	3,0		
Différ. en longit.	3'48"		
Latitude du monastère..	37° 02' 54"N		On la trouve dans la Connaiss. des Temps.
Distance en latitude........	15 12 S		Puisque la terre est dans la partie N. de l'horizon, le navire doit être plus S. que la terre.
Latitude présumée	36 47 42 N		
Longitude du monastère.	11° 19' 51"O		On la trouve dans la Connaiss. des Temps.
Différence en longitude	3 48 O		Puisque la terre est dans la partie E. de l'horizon, le navire doit être à l'O. du point relevé.
Longitude présumée	11 23 39 O		

2° Calcul de l'azimut du soleil

Heure du bord le 13.........	20^h 17^m 00^s	
Longitude O........................	+ 0 45 34	Ajoutez quand la long. est O.; retr. quand elle est E.
Heure corresp. de Paris	21 02 34	Calculez, pour cette heure, la déclinaison du Soleil.

Déclinaison du Soleil......	23° 12' 17" B	
Partie prop. pour 21h	2 54	
Déclinaison calculée........	23 15 11 B	
Distance polaire.............	66 44 49	Pour obtenir cette dist. pol., retranch. la déclin de 90° si elle est de même nom que la lat., et ajoutez-la à 90°, dans le cas contraire.

Hauteur observée ☉	40° 17' 00"
Dépression ....—	4 53
Hauteur apparente ☉	40 12 07
Demi-diamètre...............+	15 46
Hauteur apparente ☉	40 27 53
Réfract. — parall. ....—	1 02
Hauteur vraie ☉	40 26 51

Distance polaire.............	66° 44' 49"			
Latitude	36 47 42	C. Log. cos.	0,096482	On n'a pas tenu compte des secondes dans la recherche des logarithmes.
Hauteur vraie	40 26 51	C. Log. cos.	0,118613	
Somme................	143 59 22			
½ *Somme*.............	71 59 41	Log. cos.......	9,490112	
½ *Somme—dist. pol.*	5 14 52	Log. cos.......	9,998176	
		Somme	19,703383	
		½ *Somme* ..	9,851691	C'est le cos. du demi-azimut.

½ Azimut.............	44° 42' 30"	
Azimut.............	89 25	du N. vers l'E.

3° Différence des Azimuts ou angle des verticaux

Haut. obs. du clocher	1° 18' 30"
Dépression ....—	4 53
Haut. apparente	1 13 37
Dist. obs. du clocher au ☼	79° 31' 20"
Demi-diam. du Soleil ....+	15 46
Dist. du centre du ☼ au clocher.........................	79 47 06

Dist. du ☼ au clocher	79° 47' 06"		
Hauteur apparente ☼	40 27 53	C. Log. cos.	0,118721
Haut. app. du clocher	1 13 37	C. Log. cos.	0,000100
Somme	121 28 36		
½ *Somme*	60 44 18	Log. cos.	9,689123
½ *Somme—distance* ..	19 02 48	Log. cos.	9,975547
		Somme....	19,783491
		½ *Somme*.	9,891745 C'est le l. cos. du demi-ang. des verticaux.

½ Angle.......................... 38° 47' 50"
Angle des verticaux...... 77 35 40

4° Relèvement vrai du clocher et variation

D'après le calcul d'azimut le Soleil répondait au ....N 89° 25' E
Le vertical du cloch. était à gauche du vertical du ☼ et faisait, avec lui, un angle de... 77 35 40"

Marquez sur une roue des vents, en S. la position du Soleil donnée par le calcul d'azimut :

Comptez à partir du point S., en allant vers la gauche, un arc S C égal à 77° 35' 40"

Angle des verticaux : le point C ainsi déterminé sera le point de l'horizon auquel répond le clocher.

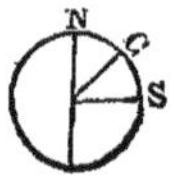

N C S

Donc le clocher répondait au ....N 11 49 20 E
Le relèvement au compas était ....N 33 45 E

L'angle de ces deux relèvements donne la variation...................... 21 55 40 N-O

5° Trouver la vraie position du navire

Relèvem^t vr. du clocher...... N 11°49'20"E	Log. cos.	9,990689	Log. sin.	9,311490	Somme.
Dist. du navire 15,5	Log.	1,190332		1,190332	
	Log. chang. latit.	1,181021			
Chang. latitude.............	0° 15' 10",2 S				
Latitude du monastère....	37 02 54 N				
Latitude du navire..........	36 47 43 ,8 N				
Somme des latitudes........	73 50 37 ,8				
Latitude moyenne...........	36 55 18 ,9		C. L. cos.	0,097208	
			Log. chang. long.	0,599020	

Chang. longitude...............	0° 03' 58"O
Longitude monastère.........	11 19 51 O
Longitude du navire	11 23 49 O

PROBLÈMES SUR LES CHRONOMÈTRES.

N° 39

DÉTERMINER L'ÉTAT ABSOLU D'UN CHRONOMÈTRE PAR DES HAUTEURS ABSOLUES DU SOLEIL.

Le 15 Septembre, étant par latitude 41° 52' N. et longitude 108° 17' O., on a observé trois séries de hauteurs du Soleil avec un horizon artificiel, et on a obtenu :

	1re Série	*2e Série*	*3e Série*
Moyennes des haut. obs. du bord inf. du Soleil	9° 49' 23"	10° 22' 41"	10° 55' 59"
Moyennes des heures corresp. du chronomètre	21h 17m 23s	21h 20m 23s,8	21h 23m 24s,6
Heures approchées du lieu	18 50	18 53	18 56

On demande l'état absolu du chronomètre sur le T. M. du lieu.

	1re Série	*2e Série*	*3e Série*	
H. app. du lieu le 15	18h 50m 00s	18h 53m 00s	18h 56m 00s	
Longitude O...........+	7 13 08	7 13 08	7 13 08	Ajoutez quand la long. est O.; retranch. quand elle est E.
H. corr. Paris le 16	2 03 08	2 06 08	2 09 08	Pour ces heures, calcul. la déclin. du Soleil.
Déc. du Sol. le 16 à 0h	2° 47' 06"B	2° 47' 06"	2° 47' 06"	
Part. prop.............—	1 58,5	2 01,5	2 04,3	
Déclin. calculées	2 45 07,5	2 45 04,5	2 45 01,7	
Distances polaires ..	87 14 52,5	87 14 55,5	87 14 58,3	Pour avoir la dist. pol., retranch. la déclin. de 90° si elle est de même nom que la lat., ajoutez-la à 90°, dans le cas contraire.

Haut. app. du ☼ ..	9° 49' 23"	10° 22' 41"	10° 55' 59"	
Réfract. — parall... —	5 17	5 06	4 45	
Hauteurs vraies ☼ ..	9 44 06	10 17 35	10 51 14	
Demi-diamètres ......+	15 57	15 57	15 57	
Hauteurs vraies ☼ ..	10 00 03	10 33 32	11 07 11	
Latitude..................	41 52	41 52	41 52	
Distances polaires....	87 14 52,5	87 14 55,5	87 14 58,3	
Sommes	139 06 55,5	139 40 27,5	140 14 09,5	
½ *Sommes*	69 33 27,7	69 50 13,7	70 07 04,6	
½ *Sommes — haut.* ..	59 33 24,7	59 16 41,7	58 59 53,6	
C. log. cos. latitude......	0,128019	0,128019	0,128019	
C. log. sin. dist. pol.....	0,000501	0,000501	0,000501	
Log. cos. ½ Somme........	9,543158	9,537429	9,531588	
L. sin. (½ Somm—haut.)	9,935574	9,934326	9,933058	
Somme	19,607252	19,600275	19,593165	
½ *Somme*	9,803626	9,800138	9,796582	Ce sont les sin. des demi-ang. hor.
Demi-ang. horaires..	39° 30' 45"	39° 08' 08"	38° 45' 23"	
Angles horaires........	79 01 30	78 16 16	77 30 46	
Ang. hor. en temps.	5h 16m 06s	5h 13m 05s,07	5h 10m 03s,07	L'ang. hor. donne l'heure T. V. du lieu quand l'observation est faite le soir; dans le cas contraire, on retr. cet ang. de 24h
Heures T.V. du lieu.	18h 43m 54s	18h 46m 54s,93	18h 49m 56s,93	
Equation calculée......+	11 39 21,2	11 39 21,2	11 39 21,2	
H. T.M. du lieu......	18 23 15,2	18 26 16,13	18 29 18,13	
Heures au chronom.	21 17 23	21 20 23,8	21 23 24,6	
Etats absolus...........+	2 54 07,8	2 54 07,67	2 54 06,47	

	Heures du lieu.	*Etats absolus.*
1re Série............................	18h 23m 15s,2	2h 54m 07s,8
2e Série............................	18 26 16,13	2 54 07,67
3e Série............................	18 29 18,13	2 54 06,47
Sommes	18 49,46	21,94
Moyennes	18 26 16,49	2 54 07,31

Ainsi, le 15 Septembre, à 18h 26m 16s,49, l'état absolu du chronomètre sur le T.M. du lieu était + 2h 54m 07s,31.

N° 40

MÊME PROBLÈME

Le 18 Septembre au soir, on a trouvé par un relèvement astronomique : gisement du phare de Ouessant S. 32° 15' O.; distance 15 milles. Au même instant on faisait les observations suivantes :

Moyennes des hauteurs observées ☉	10°37' 15"	10°03' 45"	9°30' 30"
Moyennes des heures au chronomètre	5h21 54	5h25 20	5h28 46
Heures approchées du lieu T.M.	5 02	5 05	5 08

Elévation de l'œil 7m,4; erreur instrumentale — 3' 15"

Trouver l'état absolu sur le T.M. de Paris.

Latitude de Ouessant	48° 28' 29"N	Connaissance des Temps.
Chang. en latitude	12 48 N	D'après la Table XV.
Latitude du navire	48 41 17 N	
Longitude Ouessant........	7° 23' 41"O	Connaissance des temps.
Chang. en longitude	12 20 E	
Longitude du navire	7 11 21 O	

H. du lieu le 18	5h 02m 00s	5h 05m 00s	5h 08m 00s	
Longitude O.............. +	28 45,4	28 45,4	28 45,4	
H. corr. Paris le 18	5 30 45,4	5 33 45,4	5 36 45,4	Calculez pour ces heures, la déclin. du Soleil.
Déclin. le 18 à 0h........	2° 00' 40"	2° 00' 40"	2° 00' 40" B	
Parties proport.	5 20	5 21,9	5 23,8	
Déclin. calculées..........	1 55 20	1 55 18,1	1 55 16,2	
Dist. polaires	88 04 40	88 04 41,9	88 04 43,8	Pour obtenir la dist. pol., on ajoute la déclin. à 90°, quand elle est d'un nom contraire à la lat., mais on la retr. de 90° quand elle est de même nom.

Hauteurs instrum.....	10° 37' 15"	10° 03' 45"	9° 30' 30"	
Erreur instrumentale.—	3 15	3 15	3 15	
Haut. observ. ☉	10 34 00	10 00 30	9 27 15	
Dépress. (Table V) ....—	4 49	4 49	4 49	
Hauteur appar. ☉	10 29 11	9 55 41	9 22 26	
Réfract. — parall. ....—	4 57	5 14	5 32	
Hauteurs vraies ☉	10 24 14	9 50 27	9 16 54	
Demi-diamètre ....+	15 57	15 57	15 57	
Hauteurs vraies ☉	10 40 11	10 06 24	9 32 51	
Latitude du navire	48 41 17	48 41 17	48 41 17	
Distances polaires......	88 04 40	88 04 42	88 04 44	
Somme	147 26 08	146 52 23	146 18 52	
½ *Somme*...........	73 43 04	73 26 11	73 09 16	
½ *Somme—haut*.......	63 02 53	63 19 47	63 36 25	
C. log. cos. latit..........	0,180352	0,180352	0,180352	
C. log. sin. dist. pol. ..	0,000244	0,000244	0,000244	
Log. cos. ½ sommes......	9,447730	9,454966	9,462088	
L. sin. (½ som.—haut.)	9,950066	9,951145	9,952194	
Sommes	19,578392	19,586707	19,594878	
½ *Sommes*	9,789196	9,793353	9,797439	Ce sont les sin. des demi-angles hor.
Demi-ang. horaires..	37° 59' 06"	38° 25' 00"	38° 50' 50"	
Angles horaires........	75 58 12	76 50 00	77 41 40	
Ang. hor. en temps..	$5^h 03^m 52^s,8$	$5^h 07\ 20^s$	$5^h 10^m 46^s,66$	L'angle hor. donne l'heure T.V. du lieu quand l'observation est faite le soir; dans le cas contraire, on retranche cet ang. de 24^h.
Heures T.V. du lieu	$5^h 03^m 52^s,8$	$5^h 07^m 20^s$	$5^h 10^m 46^s,66$	
Longitude O............+	28 45 ,4	28 45 ,4	28 45 ,40	
H. T.V. Paris le 18	5 32 38 ,2	5 36 05 ,4	5 39 32,06	
Equation ....+	11 54 08 ,6	11 54 08 ,6	11 54 08,6	
H. T.M. de Paris..	5 26 46 ,8	5 30 14 ,0	5 33 40,66	
Heures au chron....	5 21 54	5 25 20	5 28 46	
Etats absolus ....—	0 04 52 ,8	0 04 54 ,0	0 04 54 ,66	

	Heures de Paris	Etats absolus
1re Série	5h 26m 46s,8	0h 04m 52s,8
2e Série	5 30 14,0	0 04 54,0
3e Série	5 33 40,66	0 04 54,66
Sommes	90 41,46	11,46
Moyennes	4 30 13,82	0 04 53,82

Ainsi, le 18 Septembre à 5h 30m 13s,82, T.M. de Paris, le chronomètre avait un état absolu de — 0h 04m 53s,82.

N° 41

DÉTERMINER L'ÉTAT ABSOLU D'UN CHRONOMÈTRE PAR DES HAUTEURS ABSOLUES D'UNE ÉTOILE.

Le 21 Juin, vers 10h 34m, par une latitude 29° 35' N. et une longitude 54° 38' E., on a observé au moyen d'un horizon artificiel, la hauteur de l'étoile *Epi de la Vierge*, dans l'Ouest du méridien, et l'on a trouvé :

Hauteurs observées de l'étoile	28° 31' 45"	27° 15' 30"	27° 01' 50"
Heures correspondantes du chronomètre	5h 21m 32s	5h 28m 27s,5	5h 45m 48s

On demande l'état absolu sur le T.M. du lieu.

	1re Série	2e Série.	3e Série.
Haut. apparentes	28° 31' 45"	27° 15' 30"	27° 01' 50"
Réfraction —	1 47	1 47	1 47
Hauteurs vraies	28 29 58	27 13 37	27 00 04
Latitude	29 35	29 35	29 35
Distance polaire	100 27 00,7	100 23 00,7	100 23 00,7
Sommes	158 27 58,7	157 11 37,7	156 58 04,7
½ *Sommes*	79 13 59,3	78 35 48,8	78 29 02,3
½ *Sommes—haut.*	50 44 01,3	51 22 11,8	51 28 58,3
C. log. cos. latitude	0,060661	0,060661	0,060661
C. log. sin. dist. pol.	0,007171	0,007171	0,007171
Log. cos. ½ somme	9,271411	9,296038	9,300255
L. sin. (½ som.—haut.)	9,888860	9,892759	9,893440
Sommes	19,228103	19,256628	19,261527
½ *Sommes*	9,614051	9,628314	9,630763

Ce sont les l. sin. des demi-ang. hor.

Demi ang. hor......	24° 16' 48",6	25° 08' 45",7	25° 17' 53",7	
Ang. horaires	48 33 37 ,2	50 17 31 ,4	50 35 47 ,4	
Ang. h. en temps	$3^h 14^m 14^s$,48	$3^h 21^m 10^s$,10	$3^h 22^m 23$,16	L'ang. hor. donne l'heure astronom. de l'astre quand l'observation a été faite dans l'O. du méridien; dans le cas contraire, on retranche cet ang. hor. de 24^h.
Heure astron. ✡....	$3^h 14^m 14^s$,48	$3^h 21^m 10^s$,10	$3^h 22^m 23^s$,16	
Asc. droite ✡	13 17 21 ,90	13 17 21 ,90	13 17 21 ,90	
Sommes	16 31 36 ,38	16 38 32 ,00	16 39 45 ,06	
Asc. dr. moy. le 21 à 0^h	5 56 19 ,13	5 56 19 ,13	5 56 19 ,13	De la somme précédente, retr. toujours l'asc. dr. moyenne.
H. T.M. approch.	10 35 17 ,25	10 42 12 ,87	10 43 25 ,93	
T. III pr ces heures—	1 44 ,37	1 45 ,51	1 45 ,70	Cette correction est toujours soustractive.
H.T.M. plus appr.	10 33 32 ,88	10 40 27 ,36	10 41 40 ,23	
T. III pr longitude+	35 ,90	35 ,90	35 ,90	Cette correction est addit. quand la long. est E.; et soustractive dans le cas contraire.
Heures T.M.	10 34 08 ,78	10 41 03 ,26	10 42 16 ,13	
Heures au chron...	5 21 32	5 28 27 ,5	5 29 39 ,3	
Etats absolus ....—	5 12 36 ,78	5 12 35 ,76	5 12 36 ,43	

	Heures du lieu.	*Etats absolus.*
1re Série	$10^h 34^m 08^s$,78	$5^h 12^m 36^s$,78
2e Série	10 41 03 ,26	5 12 35 ,76
3e Série	10 42 16 ,13	5 12 36 ,43
Sommes	117 28 ,17	18 ,97
Moyennes	10 39 09 ,39	5 12 36 ,32

Le 21 Juin, à $10^h 39^m 09^s$,39 T.M. le chron. avait donc un état absolu —$5^h 12^m 36^s$,32.

N° 42

DÉTERMINER L'ÉTAT ABSOLU D'UN CHRONOMÈTRE, PAR DES HAUTEURS ÉGALES PRISES DE PART ET D'AUTRE DU MÉRIDIEN.

Le 15 Septembre, étant par 41° 52' lat. N. et 108° 17' long. O., on a pris les hauteurs correspondantes qui suivent :

HAUT. ÉGALES.	HEURES AU CHRONOMÈTRE. le matin	le soir
10° 00'..................	$21^h 17^m 23^s$	$31^h 49^m 35^s$
10 10	21 18 18	31 48 40
10 20	21 19 13	31 47 45
10 30	21 20 08	31 46 50

On demande l'état absolu du chronomètre sur le T.M. du lieu.

Préparation

H. du lieu T.V. le 15	$0^h 00^m 00^s$
Longitude O ....+	7 13 08
Heure de Paris T.V.........	7 13 08
Equation ....+	11 55 10
Heure de Paris T.M..........	7 08 18
Déclinaison calculée........	3° 03' 24"B
Distance polaire.............	86 56 36
Moyenne des h. le matin	$21^h 18^m 45^s,5$
Moyenne des h. le soir....	31 48 12 ,5
Intervalle........................	10 29 27
Demi-intervalle	5 14 43 ,5
Demi-interv. en degrés....	78° 40' 52"
Moyenne des heures du matin, augmentée du demi-interv. ou moy. totale des heures	$2^h 33^m 29^s$
Mouvem^t en décl. dans 24^h +	23 08

On donne le signe + au mouvement en déclinaison, lorsque la distance polaire augmente, et le signe — dans le cas contraire.

Calcul de l'état absolu

$$c_m = \frac{c+c'}{2} + \frac{d\,(c'-c)}{30 \times 24}\left(\frac{tang.\,l}{sin\,P} - cotg.\,D\;cotg.\,P\right)$$

Latitude........	41° 52'	Log. tang..	9,952405
½ intervalle....	78 40 52"	C. Log. sin.	0,008530
		Somm — 10	$\bar{1}$,960935

Nombre correspondant........+ 0,91398 Ce premier nombre est toujours positif.

Dist. polaire..	86° 56' 36"	L. cotang ..	8,727538
½ intervalle....	78 40 52	L. cotang ..	9,301383
		Somm — 20	$\bar{2}$,028921
Nombre correspondant ......+			0,01069

Ce 2e nombre a le signe + quand la dist. pol. et le demi-interv. sont de même espèce; on lui donne le signe — dans le cas contraire.

Premier nombre. +0,91398
Second nombre .. +0,01069

Pour faire cette différence, changez le signe du 2e nombre et ajoutez ensuite algébriquement ces deux quantités.

Differ. algébrique	+0,90329	Log.	$\bar{1}$,955827	.... +
Interv. (c'—c)	10h 29' 27s	Log.	4,577112	
Diff. en déclin. +	23' 08"	Log.	3,142389	.... +
C. Logar. 30 × 24			$\bar{7}$,586365	
Somme			1,261693	
Nombre correspondant ....+			18s,268	

Ce nombre est la correction à faire à la moyenne des heures du chronomètre; on lui donne le signe + quand le mouvement en dist. polaire et la différence algébrique des termes entre parenthèses sont de même signe; on lui donne le signe — dans le cas contraire.

Moyenne totale des heures ou $\frac{c+c'}{2}$	=	2h 33m 29s
Correction..	+	18,27
Heure du chronomètre à midi vrai..............		2 33 47,27
T.M. à midi vrai..		15 55 10,60
Etat absolu..............................	+	2 38 36,67

N° 43

DÉTERMINER LA MARCHE DIURNE PAR LA COMPARAISON DE DEUX ÉTATS ABSOLUS.

Le 6 Mai, à 9h 33m 42s T.M. l'état absolu d'un chronomètre était .... — 2h 25m 13s
Le 14 Mai, à 8 40 16 cet état absolu était devenu .... — 2 22 06

On demande la marche diurne du chronomètre sur le T.M.

Première époque....	6 Mai	9h 33m 42s
Deuxième époque ..	14	8 40 16
Différence	7 jours	23 06 34 = 191h,1

Premier état	$-2^h 25^m 13^s$
Deuxième état	$-2\ 22\ 06$
Entre les deux époques le chron. a avancé.	$3\ 07 = 187^s$

L'avance diurne sera le 4e terme de la proportion.

$$191^h,1 : 24^h :: 187^s : x = +23^s,48$$

N° 44.

DÉTERMINER LA MARCHE DIURNE PAR DEUX COMPARAISONS A UNE PENDULE OU UN AUTRE CHRONOMÈTRE DÉJA RÉGLÉS.

On a trouvé par deux comparaisons d'un chronomètre à une pendule dont la marche diurne sur le T.M. est $+16^s,8$.

	H. à la pendule.	*H. au chronomètre.*
Première comparaison le 5 Avril	$7^h 44^m$	$5^h 11^m 27^s$
Deuxième comparaison le 9 Avril	16 23	13 48 39

On demande la marche diurne du chronomètre sur le temps moyen.

		Pendule	*Chronomètre.*
Première heure	5 Avril	$7^h 44^m$	$5^h 11^m 27^s$
Deuxième heure	9 Avril	16 23	13 48 39
Différence	4 jours	8 39	8 37 12
Pendant ce temps la pendule a avancé de		— 1 13s,25	
Temps moyen écoulé entre les comparaisons	4 jours	8 37 46,75	
Temps écoulé sur le chronomètre	4	8 37 12	
Le chronomètre a donc retardé dans l'intervalle de		34,75	

Le retard diurne sera le 4e terme de la proportion.

$$4^j\ 8^h\ 37^m : 34^s,75 :: 24 : x$$

ou bien $104^h\ 6 : 34,75 :: 24 : x = 7^s,98$

N° 45

DÉTERMINER LA MARCHE DIURNE PAR LES OBSERVATIONS DE DEUX PASSAGES DU SOLEIL A UN MÊME MÉRIDIEN.

On a observé deux passages du centre du Soleil au méridien d'un lieu situé par 36° 52' long. O., et l'on a obtenu :

Heure du chronomètre au moment du premier passage.... 11h 52m 33s le 15 Septembre.
Heure du chronomètre au moment du second passage...... 11 55 41 le 19 Septembre.

On demande la marche diurne du chronomètre sur le temps moyen.

Heure du lieu	0h 00m 00s	
Longitude O .... +	2 27 28	
Heure de Paris.............	2 27 28	Calculez, pour cette heure, les équations du 15 et du 19 Septembre.
T.M. à midi vrai le 15 ..	11h 52m 14s,7	
T.M. à midi vrai le 19 ..	11 53 50,2	
Différence............. —	1 24,5	Cette différence a le signe + quand les éléments vont en augmentant, et le signe — dans le cas contraire.
1re heure du chronom...	11h 52m 33s	
2me heure du chronom...	11 55 41	
Différence............. +	3 08	Donnez le signe + à cette différence lorsque les heures vont en augmentant, et le signe — dans le cas contraire.
Diff. des heures du chron. +	3 08	Pour faire cette différence, changez le signe de la différence des équations, et ajoutez ensuite algébriquem'.
Diff. des équations .... —	1 24,5	
Différence algébrique...... +	4 32,5	
En divisant cette différence par le nombre de jours écoulés, on obtient la marche diurne +	1 08,12	

N° 46.

DÉTERMINER LA MARCHE DIURNE PAR DEUX PASSAGES D'UNE ÉTOILE A UN MÊME POINT DU CIEL.

On a observé deux passages de l'étoile *Aldébaran* à un même point du ciel, et l'on a obtenu :

Heure du chronomètre au moment du premier passage........ 7h 18m 35s le 19 Septembre.
Heure du chronomètre au moment du second passage .... 6 54 17 le 29 Septembre.

On demande la marche diurne du chronomètre sur le temps moyen.

Première heure du chronomètre	7ʰ 18ᵐ 35ˢ	
Deuxième heure du chronom....	6 54 17	
Différence............—	24 18	Divisez cette différ. par le nombre de jours d'intervalle.
Quotient par 10ʲ...............—	2 25,80	
Nombre constant............+	3 55,91	
Marche diurne (*Somme algébr.*)+	1 10,11	
Correct. (*Table IV*) *pour* 1ᵐ 10ˢ+	0,19	Cette correct. est toujours de même signe que la marche diurne.
Marche corrigée...............+	1 10,30	

N° 47.

RAPPORTER L'ÉTAT ABSOLU AU PREMIER MÉRIDIEN.

Le 8 Avril, dans un port situé par une longitude O. 45° 21', à $5^h\ 01^m\ 23^s$ T.M., on a obtenu $+3^h\ 19^m\ 44^s$ pour état absolu d'un chronomètre dont la marche diurne est $-18^s,6$. On demande l'heure qu'indiquait le chronomètre au moment du midi moyen de Paris qui a précédé l'observation :

Heure du lieu........................	$5^h 01^m 23^s$	H. du lieu..............................	$5^h 01^m 23^s$
Longitude O..............................+	3 01 24	Etat absolu..............................+	3 19 44
H. de Paris au mom' de l'obs.	8 02 47	H. du chron. au mom. de l'obs.	8 21 07
Part. prop. de la marche d^{ne} pour cette heure..................—	6,16	Cette part. prop. est de même signe que la marche.	
Temps écoulé sur le chron. depuis midi..........................	8 02 40,84	....—	8 02 40,84

En retranchant ce temps de l'heure que marque le chronom. au moment de l'observation, en ajoutant 24^h à l'heure du chronom. si la soustraction n'était pas possible, on obtient

L'heure du chronomètre à midi moyen de Paris 0 18 26,16

N° 48

TROUVER L'HEURE DE PARIS CORRESPONDANTE A UNE HEURE DU CHRONOMÈTRE.

Le 7 Août, à midi moyen de Paris, un chronomètre dont la marche diurne est $-16^s,8$, marquait $0^h\ 18^m\ 21^s,3$. Le 12 Septembre suivant, de Paris, on a fait une observation, au moment où le chronomètre marquait $7^h\ 33^m\ 47^s$. On demande l'heure de Paris correspondante.

Le 7 Août à midi moyen de Paris, le chronomètre marquait		$0^h 18^m 21^s,3$
Marche en 36 *jours* (cette correction est de même signe que la marche)	—	10 04 ,8
Le 12 Septembre à midi de Paris, le chronomètre devait donc marquer		0 08 16 ,5
Heure du chronomètre au moment de l'observation.		7 33 47 ,0
Heure approchée de Paris (*différence*)		7 25 30 ,5
Part. prop. pr cette heure et la marche dne (d'un signe contraire à celui de la marche)	+	5 ,7
Heure de Paris demandée		7 25 36 ,2

N° 48 bis

MÊME PROBLÈME.

Le 5 Mai, à midi moyen de Paris, un chronomètre dont la marche diurne est $+ 12^s,6$, marquait $23^h 17^m 52^s$. Le 28 Mai suivant de Paris, on a fait une observation au moment où le chronomètre marquait $9^h 32^m 53^s$. On demande l'heure de Paris correspondante.

Le 5 Mai, à midi moyen de Paris, le chronomètre marquait		$23^h 17^m 52^s$
Marche en 23 *jours* (cette correction a le même signe que la marche)	+	4 49 ,8
Heure du chronomètre le 28 Mai à midi de Paris		23 22 41 ,8
Heure du chronomètre au moment de l'observation (Cette 2e heure étant plus âgée que la précédente, on lui a ajouté 24^h afin de rendre la soustraction possible.)		33 32 53 ,0
Heure approchée de Paris		10 10 11 ,2
P. prop. pr cette h. et la marche dne (cette corr. est d'un signe contraire à celui de la marche)	—	5 ,3
Heure de Paris demandée le 28		10 10 05 ,9

N° 49

TROUVER L'HEURE T.M. DU BORD CORRESPONDANTE A UNE HEURE DU CHRONOMÈTRE.

On a trouvé par un calcul d'angle horaire :

Heure du bord T.M. $3^h 21^m 17^s,3$; heure correspondante au chronomètre $23^h 44^m 51^s,8$. Environ 10^h *après*, pendant la nuit, on a fait une observation : le chronomètre marquait à cet instant $9^h 55^m 21^s$. On demande l'heure T.M. du bord à cet instant, sachant que le navire s'est déplacé en longitude de 58',7 vers l'est, et que la marche diurne du chronomètre sur le T.M. est $- 11^s,6$.

Première heure au chronomètre		$23^h 44^m 51^s,8$
Deuxième heure au chronomètre (plus âgée que la première)		33 55 21 ,0
Intervalle écoulé sur le chronomètre (*différence*)		10 10 29 ,2
Marche du chronomètre pendant ce temps (d'un signe contraire à celui de la marche)	+	4 ,9
T.M. écoulé entre les deux observations		10 10 34 ,1
L'heure du bord au moment de l'angle horaire était		3 21 17 ,3
Heure actuelle, comptée au lieu de l'angle horaire (*Somme*)		13 31 51 ,5
Puisque le navire s'est transporté vers l'E. de 58',7, *l'heure du navire sera plus âgée de*	+	3 54 ,8
Heure T. M. actuelle du navire		13 35 46 ,2

N° 49 bis.

MÊME PROBLÈME.

On a trouvé par un calcul d'angle horaire :

Heure du bord T.M. 21^h 43^m 52^s; heure correspondante au chronomètre 3^h 25^m 43^s. Environ 7^h *avant*, on avait fait une observation ; le chronomètre marquant à cet instant 20^h 12^m 21^s. On demande l'heure T.M. du bord correspondant à cette première observation; sachant que depuis ce moment jusqu'à celui de l'angle horaire, le navire s'est déplacé vers l'Est de 33',6 en longitude, et que la marche diurne du chronomètre sur le T.M. est + 13^s,8.

Première heure au chronomètre	20^h 12^m 21^s
Deuxième heure au chronomètre (plus âgée que la première)	27 25 43
Intervalle écoulé sur le chronomètre (*différence*)	7 13 22
Marche du chron. pendant cet interv. (d'un signe contr. à celui de la marche diurne).. —	4,14
T.M. écoulé entre les deux observations	7 13 17,86
L'heure du bord au moment de l'angle horaire était	21 43 52
Heure actuelle, comptée au lieu de l'angle horaire (*différence*)	14 30 34,14
Puisque le navire s'est transporté vers l'E., l'heure comptée à la 1re station sera plus faible de —	2 14,40
Heure T.M. du navire au moment de la 1re observation	14 28 19,74

N° 50

CONVERTIR UN INTERVALLE CHRONOMÉTRIQUE EN INTERVALLES T.M. ET T.V.

Le 22 Septembre, on a fait deux observations entre lesquelles il s'est écoulé 5^h 34^m 22^s sur un chronomètre dont la marche diurne sur le T.M. est + 12^s,6. On demande les intervalles T.M. et T.V. équivalents.

Intervalle sur le chronomètre	5^h 34^m 22^s
Marche du chron. pendant cet interv. (correct. d'un signe contr. à celui de la marche d^{ne}) —	2,99
Intervalle T.M.	5 34 19,01
T.M. à midi vr. le 22. 11^h 52^m 49^s,5 / T.M. à midi vr. le 23. 11 52 28,6 } Donnez le signe + à la diff. lorsque les éléments vont en augmentant, et le signe — dans le cas contraire.	
Différence .... — 20,8	
P. prop. pr cette diff. et pr l'intervalle (correct. d'un signe contraire à celui de la diff.).... +	4,85
Intervalle T.V.	5 34 23,86

N° 51.

USAGE DES COMPTEURS.

Deux comparaisons entre un compteur et un chronomètre ont donné :

Première comparaison	Heure du compteur...... $3^h21^m54^s$	Heure du chron.... $9^h35^m41^s$
Deuxième comparaison..........	Heure du compteur 3 54 21	Heure du chron.... 10 08 16

On demande l'heure du chronom. qui correspond à l'heure intermédiaire $3^h\,36^m\,45^s$ du compteur.

1re h. du compt.....	$3^h21^m54^s$	1re h. du compt..........	$3^h21^m54^s$	1re heure du chron..	$9^h35^m41^s$
2e h. du compt.....	3 54 21	Heure intermédiaire.	3 36 45	2e heure du chron....	10 08 16
Différences ...	32 27	....	14 51	....	32 35

1re diff. 32^m27^s	C. Logar...	6,710634
2e diff. 14 51	Logar........	2,949878
3e diff. 32 35	Logar........	3,291147
Somme — 10...............		2,951659

Nombre correspondant	$0^h14^m54^s,7$	Somme.
1re heure du chronomètre......	9 35 41 ,0	
Heure demandée	9 50 35 ,7	

DES LATITUDES

N° 52.

LATITUDE PAR LA HAUTEUR MÉRIDIENNE.

Le 30 Septembre, étant par 96° 21′ longit. E, on a observé du côté du pôle *Nord*, la hauteur méridienne du bord inférieur du Soleil de 65° 44′ 30″. L'œil était élevé de 7m 2 : correction instrumentale + 1′ 30″. On demande la latitude du lieu de l'observation.

Heure du lieu le 30	$0^h\,00^m\,00^s$	
Longitude E ....—	6 25 24	Ajoutez si la longitude est O; retranchez si elle est E.
Hre T.V. de Paris le 29	17 34 36	
Equation le 30 ....+	11 50 08	On peut se dispenser de calculer cette équation pour l'heure.
Hre T.M. de Paris le 29	17 24 44	Calculez pour cette heure la déclinaison du Soleil.

Déclinaison le 29	2° 16′ 38″ A	
Partie prop................... +	16 57	
Déclinaison calculée	2° 33′ 35″ A	
Hauteur instrum..........	65° 44′ 30″	
Correct. instrumentale .. +	1 30	Appliquez cette correction avec le signe dont elle est affectée.
Haut. obs. ☼...............	65 46 00	
Dépression (*Table V*)...... —	4 45	La dépression est toujours soustractive.
Haut. app. ☼	65 41 15	
Réfrac.— paral. (*T. VI*) —	23	Soustractive.
Haut. vraie ☼.............	65 40 52	
Demi-diam. .... +	16 01	Ajoutez à la hauteur vraie du bord inf.; retranchez de la haut. du bord supérieur.
Haut. vraie ☼	65 56 53	
Distance zénithale	24 03 07 S	Pour obtenir cette dist. zénithale, il suffit de retrancher la hauteur de 90° : on lui donne un nom contraire au pôle vers lequel on est tourné.
Déclinaison	2 33 35 A	
Latitude........................	26 36 42 S	Pour avoir la latitude, on ajoute la déclinaison à la distance zénithale, quand ces deux quantités sont de même dénomination : on les retranche l'une de l'autre quand elles sont de différents noms : dans tous les cas, la latitude porte le nom de la plus grande des deux quantités.

N° 52 bis.

MÊME PROBLÈME.

A la mer, loin des côtes, on se contente de chercher la latitude à une minute près, on peut alors opérer de la manière suivante (*Exemple précédent.*)

Déclinaison le 29...........	2° 16′,6 A	Prenez la déclin. pour le midi du jour proposé, si la longitude est O.; et celle du jour précédent quand la longitude est E.
Partie proportionnelle...... +	17,2	Cette partie proportionnelle se trouve dans la table IX, en faisant cadrer la différence diurne avec la longitude.
Déclinaison calculée........	2 33,8 A	
Hauteur instrumentale ..	65 44,5	
Correction instrum.......... +	1,5	Appliquez cette correction avec le signe dont elle est affectée.
Hauteur observée ☼	65 46,0	
Correct. (*Table VIII*)........ +	11	
Hauteur vraie ☼	65 57	

Distance zénithale	24 03. S	Pour obtenir cette distance zénithale, il suffit de retrancher la haut. de 90° : on lui donne un nom contraire au pôle vers lequel on est tourné.
Déclinaison	2 33, 8 A	
Latitude.........................	26 36, 8. S	Pour obtenir la latitude, on ajoute la déclin. à la dist. zénith. quand ces deux éléments sont de même nom : on les retranche dans le cas contraire : dans tous les cas, la latitude est de même dénomination que la plus grande de ces deux quantités.

N° 53.

MÊME PROBLÈME.

Le 10 Juin, étant par 82° longitude O, on a observé du côté du pôle Nord la hauteur méridienne du bord inférieur du Soleil de 72° 20',5 : Elévation de l'œil 8m. On demande la latitude du lieu de l'observation.

Déclinaison le 10...........	22° 59',8 B	Prenez la déclinaison pour le midi du jour proposé, si la longitude est O., et celle du jour précédent si la longitude est E.
Partie proportionnelle......+	1.	Cette partie proportionnelle se trouve dans la Table IX, en faisant cadrer la différence diurne avec la longitude.
Déclinaison réduite	23 00, 8 B	
Hauteur observée ☼	72° 20',5	
Correction (Table VIII) ..+	10, 7	
Hauteur vraie ☼	72 31, 2	
Distance zénithale	17 28, 8 S	Pour obtenir cette distance zénithale, il suffit de retrancher la hauteur de 90° : on lui donne un nom contraire au pôle vers lequel on est tourné.
Déclinaison	23 00, 8 B	
Latitude..........................	5° 32' N	Pour obtenir la latitude, on ajoute la déclin. à la dist. zénithale, quand ces deux quantités sont de même nom : on les retranche dans le cas contraire : dans tous les cas, la latitude est de même nom que la plus grande de ces deux quantités.

N° 54.

LATITUDE PAR LA HAUTEUR MÉRIDIENNE DE LA LUNE.

Le 17 Septembre, étant par 52° 20' long. O, on a observé du côté du pôle Sud, la hauteur méridienne du bord supérieur de la Lune de 66° 14'; erreur instrumentale — 3' 30"; élévation de l'œil 6m 6. On demande la latitude du lieu de l'observation.

Hre du pass. de la Lune au mérid. de Paris le 17	17h 34m	Voyez le Type n° 8.
Heure du passage suivant le 18	18 28	
Retard diurne (différence)	54	
Retard pour 3h 29m 30s de longitude	7 52s	
Heure du passage au méridien du lieu le 17	17 41 52	C'est l'heure de l'observation.
Longitude en temps	+ 3 29 30	Ajoutez la longit. si elle est O; retranchez si elle est E.
Hre de Paris correspondante à l'observation le 17	21 11 22	Calculez pour cette heure, la déclinaison de la Lune, la parall. horiz. et le demi-diam.

Déclinaison à 12h	19° 50′ 26″ B	Parall. à 12h	56′ 37″	Demi-diam	15′ 26″
Partie prop.	+ 0 42 07	*Partie prop.*	+ 18.4	*Partie prop.*	+ 4.6
Déclin. calculée	20 32 33 B	Parall. calc.	56 55,4	1/2 diam. calc.	15 30.6

Hauteur instrum.	66° 14′ 00″	Voyez le Type n° 5.
Correct. instrum.	— 3 30	
Hauteur obs. ☾	66 10 30	
Dépress. (Table V)	— 4 33	
Haut. app. ☾	66 05 57	
Paral. — réf. (T. XIII)	+ 22 39	
Haut. vraie ☾	66 28 36	
Demi-diam	— 15 30	
Haut. vraie ☾	66 13 06	
Distance zénithale.	23 46 54 N	Donnez à la dist. zénith. un nom contraire à celui du pôle vers lequel on est tourné.
Déclinaison	20 32 33 B	
Latitude	44 19 27 N	Pour obtenir la latitude, on ajoute la déclin. et la dist. zénith. quand elles sont de même nom : on les retranche dans le cas contraire : dans tous les cas, la latitude est de même nom que la plus grande.

N° 55.

LATITUDE PAR LA HAUTEUR MÉRIDIENNE D'UNE ÉTOILE.

Le 12 Juin, on a observé du côté du pôle *Nord*, la hauteur méridienne de l'étoile *Régulus*, et on l'a trouvée de 80° 15′ ; erreur instrumentale + 1′ 30″ ; élévation de l'œil en mètres 7m,2. On demande la latitude du lieu de l'observation.

Asc. droite de Régulus ..	$10^h 00^m$	
Asc. droite moyenne.......—	5 21	
H^{re} approchée du pass...	4 39	C'est l'heure de l'observation.

Haut. instrum...............	80° 15′	
Correct. instrum..............+	1 30	Appliquez cette correction avec le signe dont elle est affectée.
Haut. observée...............	80 16 30	
Dépression (Table V)......—	4 45	Soustractive.
Haut. apparente.............	80 11 45	
Réfraction (Table VI)....—	10	Soustractive.
Haut. vraie	80 11 35	
Distance zénithale	9 48 25 S	Donnez à la distance zénithale un nom contraire à celui du pôle vers lequel on est tourné.
Déclinaison	12 41 34 B	
Latitude........................	2° 53′ 09″ N	Pour obtenir la latitude, on ajoute la déclin. et la dist. zénith. quand elles sont de même nom : on les retranche dans le cas contraire : dans tous les cas, la latitude est de même nom que la plus grande.

N° 56.

LATITUDE PAR DEUX HAUTEURS DE SOLEIL ET L'INTERVALLE T. V.

Le 6 Mai, à midi moyen de Paris, un chronomètre dont la marche diurne sur le T.M. est — 18s,9 marquait $23^h 44^m 27^s$. Le 16 Juin suivant de Paris, la date du bord étant le 16, par une latitude estimée 20° N, on a fait les observations suivantes :

	1re station.	*2me station.*	
Heures au chronomètre	$0^h 58^m 37^s$	$3^h 09^m 34^s$	Élévation de l'œil en mètres.. 7,2
Haut. obs. du bord infér. ☉	65° 55 30	35° 47 50	Erreur instrumentale..............—1′15″
Relèvement de l'astre au compas..........		O1/4NO3°N	Milles courrus dans l'interv... 13
			Route corrigée de la dérive....S 43° 45′ E

On demande la latitude du lieu de la première station.

N.-B. — *Dans tous les cas possibles, la latitude doit être calculée pour le lieu de la grande hauteur.*

1° Trouver l'heure de Paris correspondante à la moyenne des heures du Chronomètre.

$$t = c - (c_o + na) - \frac{a}{24}\, t_a.$$

Première heure au chronomètre	$0^h\,58^m\,37^s$	
Deuxième heure au chronomètre (toujours plus âgée que la première)	3 09 34	
Somme	4 08 11	
Moyenne	2 04 05,5	$c.$
Le 6 Mai à midi moyen de Paris, le chronomètre marquait	$23^h\,44^m\,27^s$	c_o
Marche en 41 jours (de même signe que la marche diurne) —	12 54,9	na
Le 16 Juin à midi moy. de Paris, le chron. marquait donc	23 31 32.1	$co + na$
Moyenne des heures du chronomètre	26 04 05.5	$c.$
Heure approchée de Paris (différence)	2 32 33,4	$c-(c_o+na)$
Partie prop. de la marche diurne pour cette heure (d'un signe contraire à celui de la marche) +	2,0	$\frac{a}{24} \times t_a$
Heure de Paris le 16 Juin	2 32 35.4	$t.$

Déclin. du Soleil calc. pour cette h^re^ 23° 21′ 15″ B

2° Trouver l'intervalle T. V.

$$V = c' - c - (c' - c)\frac{a+e}{24}$$

Première heure au chronomètre	$0^h\,58^m\,37^s$	$c.$
Deuxième heure au chronom. (*plus âgée que la première*)	3 09 34	c'
Intervalle au chronomètre (*différence*)	2 10 57	$c'-c$

T.M. à midi vrai le 16 $0^h\,00^m\,12^s.1$
T.M. à midi vrai le 17 0 00 24,9

(Donnez à cette différence le signe + si les éléments vont en augmentant, et le signe — dans le cas contraire.)

Différence +	12,8	e
Marche diurne —	18,9	a
Somme algébrique —	6,1	$(a+e)$

Partie prop. de cette quantité pour l'intervalle au chronomètre (avec un signe contraire) +	$0^s,55$	$(c'-c)\frac{a+e}{24}$
Intervalle T. V	2 10 57,55	V
Demi-intervalle	1 05 28,77	
En degrés	16 22 11,55	

3° Réduction de la petite Hauteur

Route corrigée de la derive S.	43° 45′ E		
Relèv de la petite hauteur S.	105 15		
Angle de ces deux Rhumbs	149 00		Ce sera l'angle de gisement, toutes les fois que la petite hauteur aura été observée la première ; mais, on retranchera cet angle de 180, quand la petite hauteur aura été observée la dernière.
Angle de gisement	31°	Log. cosinus 9.933066	
Milles réduits en secondes..	780	Log. nombre 2,892095	
	Somme — 10	2 825161	Nombre corresp[nt] + 11′ 08″ Cette correction a le signe + lorsque l'angle de gisement est plus petit que 90°, et le signe — dans le cas contraire.

4° Correction des Hauteurs

	G[de] Hauteur.	P[te] Hauteur.	
Hauteur instrum	65° 55′ 30″	35° 47′ 50″	
Erreur instrum................	— 1 15	— 1 15	
Hauteur observée ☼	65 54 15	35 46 35	
Dépression (Table V)	— 4 45	— 4 45	
Hauteur app ☼	65 49 30	35 41 50	
	65° 49′ 30″	35° 41′ 50″	
Réfrac. paral. (Table VI)..	— 22	— 1 14	
Hauteur vraie ☼	65 49 08	35 40 36	
Demi-diamètre..................	+ 15 46	+ 15 46	
Hauteur vraie ☼	66 04 54	35 56 22	
Correction		+ 11 08	Appliquez cette correction avec le signe trouvé précéd[t].
Petite hauteur réduite		36 07 30	
Grande hauteur..		66 04 54	
	Somme..........	102 12 24	½ somme...... 51° 06′ 12″
	Différence	29 57 24	½ différence 14 58 42

5° Calcul Logarithmique

½ interv..	16° 22′ 11″ 5	L. sin.....	9.449997	L. cosin.	9.982028	
Déclin.....	23 21 15	L. cosin.	9.962877	L. cotg...	10.364728	
		L. sin. A	9.412874	L. tg. B..	10.346756	B = 65° 46′ 14″

Arc A........	14° 59′ 42″	c. L. sin.	0.587126	c. L. cos.	0.015046
Hr { 1/2 somme.	51 06 12	L. cos.	9.797903	L. sin.	9.891135
Hr { 1/2 differ...	14 58 42	L. sin.	9.412383	L. cos.	9.984988
Arc C........	38 50 40	L. sin. C.	9.797412	c. L. cos.	0.108545
				L. cos. E.	9.999714

E= 2° 04′ 40″

B+E=67 50 54

B—E 63 41 34

Log. cos. (B+E)	9.576410	L. cos. (B—E)	9.646584
Log. cos. C........	9.891455	L. cos. C	9.891455
Log. sin. L	9.467865	L. sin. L	9.538039

Latitude 17° 04′ 50″ ou bien 20° 11′ 30″

La Latitude probable est donc 20° 11′ 30″.

Remarques. — 1° Tous les arcs auxiliaires A, B, C et E qui entrent dans ce calcul sont tous moindres que 90° ;

2° Lorsqu'on a trouvé les deux arcs B. et E, on en fait la somme et la différence, et l'on calcule deux latitudes l'une avec B + E, l'autre avec B — E : celle des deux qui approche le plus de la latitude estimée est généralement la latitude cherchée ;

3° Si les deux latitudes obtenues par le calcul différaient à peu près également de la latitude estimée, l'une en plus et l'autre en moins, il y aurait incertitude sur la véritable valeur de la latitude. On sait que ce cas peut se présenter lorsque la latitude et la déclinaison sont de même nom et peu différentes l'une de l'autre. Dans cette circonstance, en prenant trois hauteurs et mesurant avec soin les deux intervalles, on se procurera les données nécessaires pour deux calculs de latitude. Ces deux calculs donneront chacun deux résultats, dont un sera commun aux deux calculs. Ce résultat commun sera la latitude cherchée.

N° 57

LATITUDE PAR DES HAUTEURS CIRCUMMÉRIDIENNES

Le 28 Mai, à midi moyen de Paris, un chronomètre dont la marche diurne est $+11^s,6$ marquait $0^h\ 11^m\ 47^s,1$.

Le 15 Juin au matin, à bord, on a obtenu par un calcul d'angle horaire :

heure du bord T.V. $20^h\ 57^m\ 38^s$, ... heure correspondante du chron. $17^h\ 34^m\ 42^s,7$,

aux environs du midi suivant, le navire s'étant déplacé en longitude de 38′ vers l'Est et la date de Paris étant le 14 Septembre, on a observé du côté du Pôle *Nord* quatre hauteurs circumméridiennes du bord inférieur du Soleil et l'on a trouvé :

1re heure du chronomètre	$20^h 38^m 12^s$
2e heure du chronomètre	40 31
3e heure du chronomètre	42 54
4e heure du chronomètre	45 01

Moyenne des hauteurs observées ☉ 66° 31′ 15″,
Élévation de l'œil en mètres $7^m 2$.
Erreur instrumentale — 3′ 45″.

On demande la latitude du lieu des observations.

1° Trouver l'heure de Paris correspond^te à la moyenne des haut^rs

$$t = c - (c_o + na) - \frac{a}{24} t_a$$

Heure du chronomètre le 28 Mai à midi........................	0h 11m 47s 1	c_o
Marche du chr. en 17 j. (*corr. de même signe que la marche d^ne*) +	3 17,2	$+na$
Heure du chronomètre le 14 Septembre, à midi de Paris ..	0 15 04,3	c_o+na
Moyenne des heures au chronomètre	20 41 39,5	c
Heure approchée de Paris .... (différence)	20 26 35,5	$c-(c_o+na)=t_a$
Partie prop. de la marche d^ne (corr. d'un signe contr. à celui de la marche) —	10,2	$-\frac{a}{24} t_a$
Heure de Paris .... le 24	20 26 25	t.

Déclinaison calculée pour cette heure 22° 18′ 05″ B.

2° Calcul de la Latitude approchée

Moyenne des hauteurs	86° 31′ 15″
Correction instrumentale.. —	3 45
Hauteur observée ☼	86 27 30
Dépression (Table V) .... —	4 45
Hauteur app. ☼	86 22 45
Réfrac.—paral.(Table VI) —	3
Hauteur vraie ☼	86 22 42
Demi-diamètre .... +	15 46
Hauteur vraie ☼	86 38 28
Distance zénithale	3 21 32 S
Déclinaison	23 18 05 B
Latitude approchée	19 56 33 N

Donnez à la latitude zénithale un nom contraire à celui du pôle vers lequel on est tourné.

Pour obtenir la latitude, on ajoute la déclinaison à la distance zénithale quand elles sont de même nom : on les retranche dans le cas contraire ; dans tous les cas, la latitude est de même nom que la plus grande.

3° Trouver l'heure du chronomètre à midi vrai

$$c_m = 24 - (t + g_e) - I\,\frac{a+e}{24} + c$$

Heure du bord au moment de l'angle horaire......................	20h 57m 38s	t
Chang^t en longit. (ajoutez si le navire est allé vers l'E., retranchez s'il est allé v. l'O.) —	2 32	$+g_e$
Heure de l'angle horaire ramenée à la 2e station	21 00 10	$t+g_e$
Différence à 24 heures	2 59 50	$24-(t+g_e)$

T.M. à midi vr. le 14	$11^h\,59^m 47^s,0$	Donnez à cette différence le signe + si les éléments vont en augmentant, et le signe — dans le cas contraire.
T.M. à midi vr. le 15	11 59 59, 5	
Différence............... +	12, 5	e
Marche diurne .... +	11, 6	a
Somme algébrique.... +	24, 1	$(a+e)$

Partie prop. de cette quantité p^r^ $2^h\,59^m\,50^s$ (*cette correction est de même signe que la somme alg.*) .... + 3^s^ $i\,\frac{a+e}{24}$

Temps écoulé sur le chronomètre........	2 59 53	Somme.
Heure du chronomètre au moment de l'angle horaire	17 34 42,7	
Heure du chronomètre à midi vrai du bord........	20 34 35,7	

4° Correction de la Latitude approchée

HEURES AU CHRONOMÈTRE à midi vrai	au moment des haut^rs^	Différences	Table ci-jointe		
$20^h\,34^m 35^s,7$	$20^h\,38^m 12^s$	$3^m 36,3$	25'',5		
20 34 35 ,7	20 40 31	5 55,3	68 ,8		
20 34 35 ,7	20 42 54	8 18,3	135 ,3		
20 34 35 ,7	20 45 01	10 25,3	213 ,3		
		Somme	442 ,9		
		Moyenne	110 ,7	Logarith.	2.044148
		Lat. app.	19° 56' 30''	Log. cos.	9.973146
		Déclin.	23 18	Log. cos.	9.963054
		Haut^r^ vr.	86 38 30	C. Log. cos.	1.232248
				Somme — 20......	3.222596
				Nombre corresp.	27' 49''

Distance zénithale	3° 21' 32''	
Correction .... —	27 49	Cette correction doit toujours être retranchée de la distance zénithale.
Dist. zénith. corrigée....	2 53 43 S	
Déclinaison	23 18 05 B	
Latitude vraie	20 24 22 N	

Remarque. — La correction de la distance zénithale est donnée par la formule

$$x = \frac{\cos. l \cos. d}{\cos. h} + \frac{2 \sin.^2 \frac{P}{2}}{\sin. 1''}$$

Le facteur $\frac{2 \sin.^2 \frac{P}{2}}{\sin. 1''}$ est donné par la table suivante, dans laquelle on entre avec les différences P.

	0m	1m	2m	3m	4m	5m	6m	7m	8m	9m	10m
0s	0".0	2".0	7".8	17".7	31".4	49".1	70".7	96".2	125".6	159".0	196".3
10	0 .0	2 .7	9 .2	19 .7	34 .1	52 .4	74 .7	100 .8	130 .9	165 .0	202 .9
20	0 .2	3 .5	10 .7	21 .8	36 .9	58 .8	78 .7	105 .6	136 .3	171 .0	209 .6
30	0 .5	4 .4	12 .3	24 .0	39 .8	59 .4	82 .9	110 .4	141 .8	177 .2	216 .4
40	0 .9	5 .4	13 .9	26 .4	42 .8	63 .0	87 .3	115 .4	147 .5	183 .4	233 .4
50	1 .4	6 .6	15 .8	28 .8	45 .9	66 .8	91 .7	120 .5	153 .2	189 .8	230 .4
Différ. pr 10s			1".6	2".2	2" 9	3".6	4".2	4".8	5".5	6".2	6".8

	11m	12m	13m	14m	15m	16m	17m	18m	19m	20m
0s	237".5	282".7	331".7	384".7	441".6	502".4	567".2	636".0	708".8	785".2
10	244 .8	290 .6	340 .3	393 .9	451 .5	513 .0	578 .6	648 .0	721 .2	798 .4
20	252 .1	298 .6	349 .0	403 .2	461 .5	523 .6	590 .0	660 .0	733. 6	811 .6
30	259 .6	306 .7	357 .7	412 .7	471 .5	534 .4	601 .4	672 .0	746 .4	825 .0
40	267 .2	314 .9	366 .6	422 .2	481 .7	545 .2	612 .8	684 .0	759 .2	838 .4
50	274 .9	323 .3	375 .6	431 .9	492 .0	556 .2	624 .4	696 .4	772 .2	851 .8
Différ. pr 10s	7".5	8".1	8".8	9".2	10".1	10".8	11".5	12".2	12".7	13".3

N° 58

LATITUDE PAR LA HAUTEUR DE L'ÉTOILE POLAIRE

Le 16 Juin à 2h 05m du matin T.M. par une longitude 48° 16′ E on a observé la hauteur de l'Etoile polaire, et on l'a trouvée de 41° 22′ ; élévation de l'œil 6m 6 ; erreur instrumentale — 1′ 15″. On demande la latitude du lieu de l'observation

Heure du bord .... le 15	14h 05m 00s	
Longitude en temps .... —	3 13 04	Ajoutez si la latitude est O, retranchez si elle est E.
Heure corresp. Paris .. le 15	10 51 56	Calculez pour cette heure l'ascension droite moyenne.
Asc. dr. moy. le 15 à 0h ..	5h 32m 39s.8	
Table III { pour 10h ..	1 38 .6	
Table III { pour 51m ..	8 .4	
Table III { pour 56s ..	0 .2	
Asc. dr. moy. calculée	5 34 27 .0	Somme.
Heure du bord T.M.	14 05 00 .0	
Heure sidérale	19 39 27	De l'heure sidérale retranchez l'asc. droite de l'Etoile polaire, en ajoutant 24h à l'heure sidérale, s'il y a lieu.
Asc. dr. de l'Etoile pol. —	1 05 14	
Heure astron. de l'Etoile.	18 34 13	Quand l'heure astron. est moindre que 12h, elle est égale à l'angle horaire : dans le cas contraire on la retranche de 24h.

Angle horaire	5 25 47		
.... *en degrés*	81° 26' 45"	Log. cosinus 9.172440	
Distance pol. de l'Etoile.	1 29 33	Log. nombre 2.729408	
		Somme — 10 2.901848	
		Nomb. corresp^t 0° 13' 17"	C'est la corr. qu'il faut faire à la haut^r de l'Etoile polaire: on lui donne le signe + quand l'angle hor. est plus grand que 90°, et le signe — dans le cas contraire.
Hauteur instrumentale ..	41 22 00		
Correction instrumentale. —	1 15	Appliquez cette correction avec le signe dont elle est affectée.	
Hauteur observée...........	41 20 45		
Dépression (*Table V*) ......—	4 33	Soustractive.	
Hauteur appar...............	41 16 12		
Réfraction (*Table VI*) ......—	1 07		
Hauteur vraie	41 15 05		
Correction ....—	13 17	Appliquez cette correction avec le signe qu'on lui a donné plus haut.	
Latitude	41 01 48	Nord.	

DES LONGITUDES

N° 59.

LONGITUDE PAR LES CHRONOMÈTRES.

Le 25 Août à midi moyen de Paris, un chronomètre dont la marche diurne sur le T.M. est — 16^s,8 marquait 0^h 17^m 28^s.

Le 17 Septembre suivant de Paris, la date du bord étant le 17 au matin, étant par une latitude 41° 17' S, au moment où le chronomètre marquait 6^h 21^m 11^s, on a observé, dans l'Est du méridien, une hauteur du bord inférieur du Soleil, et on l'a trouvée de 24° 28' 30". Elévation de l'œil en mètres 7^m,4 ; erreur instrumentale — 1' 15". On demande la longitude du navire.

1° Trouver l'heure de Paris.

$$t = c - (c_0 + na) - \frac{a}{24} t_a.$$

Le 7 Août à midi moyen de Paris le chron. marquait	$0^h 17^m 28^s$	c_0
Marche du chron. en 23 jours (correction de même signe que celui de la marche)......—	6 26,4	$+na$
Le 17 Sept. à midi de Paris, le chron. devait donc marquer..	0 11 01,6	(c_0+na)
Puisqu'au moment de l'observation il marquait	6 21 11	c
En retranch., de cette heure, l'heure qu'il marquait à midi, on obtiendra le temps écoulé sur le chron. depuis midi	6 10 09,4	$c-(c_0+na)=t_a$
Part. prop. de la marche diurne pour cette heure (correct. d'un signe contraire à celui de la marche) ....+	4,3	$-\frac{a}{24} t_a$
Heure de Paris correspondante à l'observation le 17	6 10 13,7	

Déclinaison le 17 à 0^h....	2° 23′ 55″ B	
Partie prop...................—	5 58.4	
Déclinaison calculée	2 17 56,6B	
Distance polaire...........	92 17 56,6	Pour obtenir la dist. pol., ajoutez la déclin. à 90°, lorsqu'elle est d'une dénomination contraire à la lat.; retranch. au contraire, la déclin. de 90° quand elle est de même nom que la latitude.

Equation calculée pour l'heure de Paris...... $11^h 54^m 29^s,3$

2° Calcul de l'heure du lieu

Hauteur instrumentale....	24° 28m30"	
Correct. instrumentale ....—	1 15	Appliquez cette correction avec le signe dont elle est affectée.
Hauteur observée ☼	24 27 15	
Dépression (Table V)........—	4 49	Soustractive.
Hauteur apparente ☼	24 22 26	
Réfract. — paral. (T. VI)—	2 00	Soustractive.
Hauteur vraie ☼	24 20 26	
Demi-diamètre...............+	15 57	
Hauteur vraie ☼	24 36 23	

Hauteur vraie ☼	24 36 23		
Latitude..........................	41 17	C. Log. cos.	0,124096
Distance polaire.............	92 17 56,6	C. Log. sin.	0,000350
Somme.................	158 11 19,6		
½ Somme................	79 05 39,8	Log. cos.....	9,276900
½ Somme — haut......	54 29 16,8	Log. sin.....	9,910622
		Somme...	19,311968
		½ *Somme*.	9,655984 C'est le sin. du demi-angle horaire.
Demi-angle horaire........	26° 55' 43"		
Angle horaire.................	33 51 26		
En temps	$3^h\,35^m25^s,7$	Ce sera l'heure T.V. du lieu si l'observation est faite le soir ; mais si l'observation est faite le matin, on retranchera cet angle horaire de 24^h.	
Heure T.V. du lieu	20 24^m34,3		
Equation du temps ....+	11 54 29,3		
Heure T.M. du lieu	20 19 03,6		

3° Conclusion de la longitude

H. de Paris T.M. le 17.	$6^h\,10^m13^s,7$	
H. du bord T.M. le 16.	20 19 03,6	
Longitude....(*différence*)	9 51 10,1	
En degrés	147 47 31 O	La long. est O. quand l'heure de Paris est plus âgée que celle du bord, et E. dans le cas contraire.

N° 60.

MÊME PROBLÈME.

Le 20 Mai, à midi moyen de Paris, un chronom. dont la marche diurne est $+20^s,6$, marquait $23^h\,41^m\,36^s,8$. Le 18 Juin suivant de Paris, la date du bord étant le 19 au matin, étant par 2° 33' lat. N., au moment où le chronomètre marquait $16^h\,28^m\,56^s$, on a observé dans l'Est du méridien la hauteur du bord inférieur du Soleil, et on l'a trouvée de 50° 12' 20". Elévation de l'œil $6^m,8$; erreur instrumentale — 2' 30". On demande la longit. du navire.

1° Trouver l'heure de Paris

$$t = c - (c_o + na) - \frac{a}{24}\, t_a$$

Le 20 Mai, à midi moyen de Paris, le chron. marquait..	$23^h\,41^m36^s,8$	c_o
Marche du chron. en 29 j. (corr. de même signe que celui de la marche)+	9 57,4	na
Le 18 Juin à midi de Paris, le chron. dev. donc marquer	23 51 34,2	$(c_o + na)$

Il marquait au moment de l'observation	40 28 56	c
En retranch., de cette heure, l'heure qu'il marquait à midi, on obtiendra le temps écoulé sur le chron. depuis midi..	16 37 21 ,8	$c-(c_o+na)=t_a$
P. prop. de la marche d[ne] (corr. d'un signe contr. à celui de la marche)—	14 ,2	$\frac{a}{24}\ t_a$
Heure de Paris correspondante à l'observation, le 18	16 37 07 ,6	t

Déclin. le 18 à 0^h......	23° 24' 48",6 B	
Partie proport.	53 ,1	
Déclin. calculée..........	23 25 41 ,7 B	
Distance polaire	66 34 18 ,3	Pour obtenir la dist. pol., ajoutez la déclinaison à 90° lorsqu'elle est d'une dénomination contraire à la lat., retranchez au contraire la déclin. de 90° quand elle est de même nom que la latitude.

Equation calculée............... $0^h\ 00^m 46^s,6$

2° Calcul de l'heure du lieu

Hauteur instrumentale	50° 12' 20"	Appliquez cette correction avec le signe dont elle est affectée.	
Correction instrumentale ..—	2 30		
Hauteur observée..............	50 09 50		
Dépression (Table V) ....—	4 37	Soustractive.	
Hauteur apparente ☉	50 05 13		
Réfract. — parall. (T. VI)—	43	Soustractive.	
Hauteur vraie ☉	50 04 30		
Demi-diamètre ....+	15 46		
Hauteur vraie ☼	50 20 16		
Latitude............................	2 33	C. log. cos.	0,000430
Distance polaire..................	66 34 18	C. log. sin.	0,037367
Somme....................	119 27 34		
$\frac{1}{2}$ *Somme*	59 43 47	Log. cosin.	9,702500
$\frac{1}{2}$ *Somme — haut.*......	9 23 31	Log. sinus.	9,212687
		Somme..	18,952984
		$\frac{1}{2}$ *Somme*..	9,476492 C'est le l. sin. du demi-angle horaire.

Demi-angle horaire........	17° 25' 55"	
Angle horaire.................	34 51 50	
En temps.......................	$2^h\ 19^m 27^s,3$	C'est l'heure T.V. du bord quand l'observation est faite le soir; mais on retranche cet angle de 24^h quand l'observation est faite le matin.

Heure T.V. du bord........	$21^h 40^m 32^s,7$
Equation	+ 0 00 46 ,6
Heure T.M. du bord......	21 41 19 ,3

3° Conclusion de la longitude

H. du bord T.M. le 18	$21^h 41^m 19^s,3$	
H. de Paris T.M. le 18	16 37 07 ,6	
Longitude.. (*différence*)	5 04 11 ,7	
En degrés	76° 02' 50" E	La long. est E. quand l'heure du bord est plus grande que celle de Paris, et O. dans le cas contraire.

JOURS du MOIS	HEURES que marque le chronomètre à midi moyen de Paris.	MARCHE + Parties proport.	
		Heures	
20	$23^h 55^m 09^s,7$		
21 Mai	23 55 28 ,3	1^h	$0^s,81$
22	23 55 46 ,9	2	1 ,63
23	23 56 05 ,5	3	2 ,45
24	23 56 24 ,1	4	3 ,27
25	23 56 42 ,7	5	4 ,09
26	23 57 01 ,3	6	4 ,90
27	23 57 19 ,9	7	5 ,71
28	23 57 38 ,5	8	6 ,53
29	23 57 57 ,1	9	7 ,35
30	23 58 15 ,7	10	8 ,16
31	23 58 34 ,3	11	8 ,98
1 Juin	23 58 52 ,9	12	9 ,80
2	23 59 11 ,5	13	10 ,61
3	23 59 30 ,1	14	11 ,43
4	23 59 48 ,7	15	12 ,25
5	0 00 07 ,3	16	13 ,06
6	0 00 25 ,9	17	13 ,88
7	0 00 44 ,5	18	14 ,70
8	0 01 03 ,1	19	15 ,51
9	0 01 21 ,7	20	16 ,33
10	0 01 40 ,3	21	17 ,15
11	0 01 58 ,9	22	17 ,96
12	0 02 17 ,5	23	19 ,78
13	0 02 36 ,1	Minutes	
14	0 02 57 ,7	2^m	$0^s,03$
15	0 03 13 ,3	4	0 ,05
16	0 03 31 ,9	6	0 ,08
17	0 03 50 ,5	8	0 ,11
18	0 04 09 ,1	10	0 ,13
19	0 04 17 ,7	20	0 ,27
20	0 04 36 ,3	30	0 ,40
21	0 04 54 ,9	40	0 ,54
22	0 05 13 ,5	50	0 ,67
23	0 05 32 ,1		
24	0 05 50 ,7		

N° 61

REMARQUE SUR L'USAGE DES CHRONOMÈTRES

Pour abréger les calculs et éviter les erreurs faciles à commettre dans l'emploi des chronomètres, on formera le tableau ci-joint : 1° on placera dans la première colonne les jours du mois, à partir de celui où le chronomètre a été réglé; 2° Dans la deuxième colonne les heures que marque le chronomètre, chaque jour, à midi moyen de Paris : ces heures s'obtiennent en ajoutant la marche diurne à l'heure de la veille, si la marche diurne est affectée du signe +; et en retranchant la marche diurne, si cette marche diurne est affectée du signe —; 3° On calculera d'avance les parties proportionnelles de la marche diurne pour les heures et les minutes, et on les placera dans la troisième colonne. Par ce tableau très simple, fait huit ou quinze jours d'avance, l'emploi du chronomètre se fera avec promptitude et sûreté.

Exemple I. — Le 14 Juin, vers 10^h du matin à bord, on a fait une observation au moment où le chronom. marquait $3^h 17^m 35^s$. On demande l'heure de Paris correspondante.

En jetant les yeux sur le tableau, on voit que le 14 Juin, il est midi à Paris, lorsque le chronomètre marque $0^h 02^m 57^s,7$: donc, puisque au moment de l'observation le chronomètre marquait $3^h 17^m 35^s$, on doit conclure qu'à cet instant il était plus de midi à Paris : par conséquent la date de Paris, est le 14 en temps astronomique. On obtiendra l'heure correspondante à l'observation, de la manière suivante :

Heure du chronomètre au moment de l'observation		$3^h 17^m 35^s$
Heure du chronomètre à midi de Paris, le 14	(*retranchez*) —	0 02 57,7
Heure approchée de Paris		3 14 37,3
Parties proportionnelles pour 3^h....... $2^s,45$; » » » 10^m....... 0,13 ; » » » 4^m....... 0,05	—	2,63
Heure de Paris	le 14	3 14 34,67

EXEMPLE II. — Le 20 Juin, vers 2^h du soir à bord, on a fait une observation au moment où le chronomètre marquait $20^h\ 14^m\ 44^s,5$. On demande l'heure de Paris correspondante.

On voit que l'observation a été faite avant midi de Paris, puisque le chronomètre ne marque pas encore $0^h\ 04^m\ 36^s,3$, heure indiquée par le tableau. La date astronomique de Paris est donc le 19. On aura donc :

Heure du chronomètre au moment de l'observation		$20^h 14^m 44^s,5$
Heure du chronomètre à midi de Paris le 19	(*retranchez*) —	0 04 17,7
Heure approchée de Paris		20 10 26,8
Partie proportionnelle (d'un signe contraire à celui de la marche)	—	16,46
Heure de Paris	le 19	20 10 10,34

EXEMPLE III. — Le 25 Mai, vers $11^h\ 30^m$ du matin à bord, on a fait une observation au moment où le chronomètre marquait $3^h\ 17^m\ 22^s,8$. On demande l'heure de Paris correspondante.

Au moment de l'observation, il était plus de midi à Paris, puisque le chronomètre marquait plus de $23^h\ 56^m\ 42^s,7$, heure indiquée par le tableau. La date astronomique de Paris est donc le 25.

Heure du chronomètre au moment de l'observation		$3^h 17^m 22^s,8$
Heure du chronomètre à midi de Paris le 25	(*retranchez*) —	23 56 42,7
Pour effectuer cette soustraction, il est nécessaire d'ajouter 24^h à l'heure de l'observation.		
Heure approchée de Paris		3 20 40,1
Partie proportionnelle (d'un signe contraire à celui de la marche)	—	2,72
Heure de Paris	le 25	3 20 37,38

N° 62.

ÉTANT EN VUE D'UNE TERRE, RECTIFIER L'ÉTAT DU CHRONOMÈTRE.

Le 9 Avril, à midi moyen de Paris, un chronomètre dont la marche diurne sur le T.M. est $+ 12^s,0$, marquait $23^h\ 53^m\ 25^s,4$.

Le 13 Juin de Paris, la date du bord étant le 13 (ou le 14 au matin), lorsque l'heure du chronomètre était 21ʰ 11ᵐ 00ˢ,7, on a relevé le cap Saint-Vincent au N.-E. 1/4 N. du compas, à une distance de 15ᵐ,5 milles; variation présumée 22° N.-O. Au même instant, l'élévation de l'œil en mètres étant 7,6, on a obtenu :

Hauteur observée du clocher du monastère	1°18' 30"	Le clocher se trouvait situé à gauche du Soleil.
Haut. obs. du bord inf. du Soleil dans l'E. du mérid.	40 17 00	
Dist. obs. du clocher au bord le plus voisin du Soleil	79 31 20	

On demande les azimuts du Soleil et du clocher, la variation du compas, la véritable position géographique du navire, l'heure du bord T.M., la longitude donnée par le chronomètre, ainsi que l'erreur totale dont elle est affectée.

La Connaissance des Temps donne pour la position géographique du clocher : lat. 37° 02' 54" N., longitude 11° 19' 51" O.)

1° Trouver la latitude approchée du navire.

Relèvem^t du monast. N	33° 45'	E
Variation approchée....	22	N-O
Relèvem^t vr. prés.... N	11 15	E
Milles de distance	15,5	

D'où l'on tire, avec le quartier ou avec les tables de point :

Milles Nord ou Sud	15,2	...... *Changem^t en latit.*	0° 15' 12" S [1]
		Latit. du monastère..	37 02 54 N
		Lat. présumée du nav.	36 47 42 N

2° Calcul de l'heure de Paris et des éléments.

$$t = c - (c_o + na) - \frac{a}{24} t_a$$

Heure du chronomètre le 9 Avril à midi	23ʰ 53ᵐ 25ˢ,4	c_o
Marche en 65 jours (corr. de même signe que celui de la marche)....+	13 00	na
Heure du chronomètre le 13 Juin à midi	0 06 25 ,4	$c_o + na$
Heure du chronomètre au moment de l'observation	21 11 00 ,7	c
Heure approchée de Paris ....(*différence*)	21 04 35 ,3	$c - (c_o + na)$
P. prop. p^r cette heure (corr. d'un signe contr. à celui de la marche)—	10 ,5	$\frac{a}{24} t_a$
Heure de Paris correspondante le 13	21 04 24 ,8	

(1) Si le point terrestre est relevé dans la partie N. de l'horizon, le changement en latitude sera Sud ; il sera Nord dans le cas contraire.

Décl. calc. pr cette heure 23° 15' 11"B
Distance polaire............ 66 44 49 — On a retranché la déclin. de 90° parce qu'elle est de même nom que la latitude.

Equation du temps calculée pour cette heure.. 11h 59m 45s,2

3° Calcul de l'azimut du Soleil.

Hauteur observée ☉	40° 17' 00"		
Dépression...................... —	4 53		
Hauteur apparente ☉	40 12 07		
Demi-diamètre............... +	15 45		
Haut. appar. du centre ☉	40 27 53		
Réfract. — parall. .... —	1 02		
Hauteur vraie	40 26 51		

Distance polaire.............	66° 44' 49"			
Latitude	36 47 42	C. Log. cos.	0,096482	On n'a pas tenu compte des secondes dans la recherche des logarithmes.
Hauteur vraie	40 26 51	C. Log. cos.	0,118613	
Somme................	143 59 22			
½ *Somme*............	71 59 41	Log. cos.......	9,490112	
½ *Somme—dist. pol.*	5 14 52	Log. cos.......	9,998176	
		Somme	19,703383	
		½ *Somme* ..	9,851691	C'est le cos. du demi-azimut.

½ *Azimut* .... 44° 42' 30"
Azimut............. 89 25 du N. vers l'E.

4° Angle des verticaux

Haut. obs. du clocher	1° 18' 30"
Dépression .... —	4 53
Haut. apparente	1 13 37
Dist. obs. du clocher au ☉	79° 31' 20"
Demi-diam. du Soleil .... +	15 46
Dist. du centre du ☉ au clocher..........................	79 47 06

Dist. du ☼ au clocher	79° 47' 06"		
Hauteur apparente ☼	40 27 53	C. Log. cos.	0,118721
Haut. app. du clocher	1 13 37	C. Log. cos.	0,000100
Somme	121 28 36		
½ *Somme*	60 44 18	Log. cos.	9,689123
½ *Somme—distance* ..	19 02 48	Log. cos.	9,975547
		Somme	19,783491
		½ *Somme.*	9,891745

½ Angle..........................	38° 47' 50"
Angle des verticaux......	77 35 40

4° Relèvement vrai du clocher et variation

D'après le calcul d'azimut le Soleil répondait au ....N	89° 25'	E
Le vertical du cloch. était à gauche du vertical du Soleil et faisait, avec lui, un angle de..	77 35 40"	
Le clocher répondait donc au ....N	11 49 20	E
Le relèvement au compas étant...N	33 45	E
On obtient pour variation..	21 55 40	N-O

5° Trouver la vraie position du navire

Relèvem^t vr. du clocher...... N	11°49'20"E	Log. cos.	9,990689	Log. sin.	9,311490	Somme.
Dist. du navire à la terre	15,5	Log.	1,190332		1,190332	Somme.
		Log. chang. en latit.	1,181021			
Changement en latitude	0° 15' 10" S					
Latitude du monastère........	37 02 54 N					
Latitude du navire.............	36 47 44 N					
Somme des latitudes...........	73 50 38					
Latitude moyenne...............	36 55 19			C. L. cos.	0,097208	Somme.
				Log. chang. en long.	0,599020	

Chang. en longitude	0° 03' 58" O
Longitude du clocher..........	11 19 51 O
Longitude du navire	11 23 49 O

7° Calcul de la longitude d'après le chronomètre.

Hauteur vraie ☼	40° 26' 51"		
Latitude calculée	36 37 44	C. log. cos.	0,096082
Distance polaire	66 44 49	C. log. sin.	0,036792
Somme.............	143 59 24		
½ *Somme*	71 59 42	Log. cos....	9,490112
½ *Somme — haut*...	31 32 51	Log. sin....	9,718669
		Somme ..	19,342055
		½ *Somme*.	9,671027 C'est le log. sin. du demi-angle horaire.
Demi-angle horaire	27° 57' 33"		
Angle horaire...............	55 55 06		
En temps	$3^h 43^m 40^s$	C'est l'heure T.V. du bord quand l'observ. est faite le soir ; mais on retranche cet angle de 24^h quand l'observation est faite le matin.	
Heure T.V. du bord	$20^h 16^m 19^s$,6		
Equation du temps	11 59 45,2		
H. T.M. du bord le 13..	20 16 04,8		
H. T.M. de Paris le 13..	21 04 24,8	D'après le chronomètre.	
Longitude.....................	0 48 20		
En degrés	12° 05' O	D'après le chronomètre.	
Long. d'après le relèvem^t	11 23 49 O		
Différence.....................	0 41 11		

Le chronomètre met donc le navire trop à l'Ouest de 41' 11".

Si maintenant on voulait corriger l'état absolu du chronomètre, on raisonnerait ainsi qu'il suit :

Heure du bord T.M., d'après le calcul d'angle horaire............. le 13		$20^h 16^m 04^s$,8
Longitude d'après le relèvement..	+	45 35,3
Heure T.M. de Paris correspondante...................................... le 13		21 01 40,1
Part. prop. de la marche d^{ne} p^r cette heure (cette corr. est de même signe que celui de la marche)..	+	10,5
Temps écoulé sur le chronomètre depuis midi................................		21 01 50,6
En retranch. ce temps de l'h^{re} que marquait le chron. pendant l'observ.		21 11 00,7
On obtiendra l'h^{re} que marquait le chron. à midi moyen de Paris le 13..		0 09 10,1

Si quelques jours après on passe en vue d'une autre terre, on renouvellera les mêmes opérations pour conclure un second état absolu. La comparaison de ces deux états absolus fera connaître la nouvelle marche de la montre. Mais si après avoir rectifié l'état absolu comme il vient d'être fait, on doit continuer la traversée jusqu'au port de destination sans rencontrer aucune terre intermédiaire, voici comment on modifiera la marche diurne du chronomètre :

En supposant que le chronomètre ait conservé la marche diurne qu'il avait le jour du départ, on trouve que ce chronomètre devait marquer à midi moyen de Paris, le 13 Juin .... $0^h\,06^m\,25^s,4$

Le calcul précédent vient de nous donner 0 09 10,1

Différence .... + 2 44,7

La marche diurne est donc plus grande actuellement qu'au moment du départ. Mais comme la cause, l'époque et la quantité dont le chronomètre s'est dérangé restent inconnues, on suppose que les dérangements se sont faits par degrés et d'un mouvement uniforme, ce qui est le moyen le plus vraisemblable d'en tenir compte.

Soit donc x la quantité dont la marche a varié le premier jour, $2x$ le deuxième jour, $3x$ le troisième jour, ... nx le n^e jour. L'erreur E est la somme de toutes ces erreurs, ou

$$E = x + 2x + 3x + \dots\dots + nx$$

d'où l'on tire :

$$E = \frac{n(n+1)}{2}\,x \text{ et } x = \frac{2E}{n(n+1)}$$

Ainsi, pour l'exemple qui nous occupe, l'erreur E le 13 Juin ou après 65 jours écoulés, a été trouvée de $2^m\,44^s,7$. On aura donc pour x,

2 E	$239^s,4$	Logarith.........	2,379124
Nombre de jours écoulés	65	C. logar..........	8,187087
Nombre de jours écoulés plus un.........	66	C. logar..........	8,180456
		Somme—20	$\bar{2}$,746667
		Nombre correspondant x =	$0^s,0558$

C'est la quantité dont la marche de chaque jour diffère de celle du jour précédent. Par conséquent, la marche diurne pour le 13 Juin ou le 66e jour de la traversée, sera égale à la marche diurne du jour de départ, augmentée de $0^s,0558 \times 66$ ou $+ 12^s,0 + 3^s,68 = + 15^s,68$.

N° 63.

LONGITUDE PAR LA DISTANCE DE LA LUNE AU SOLEIL.

Le 25 Août à midi moyen de Paris, un chronomètre dont la marche diurne sur le T.M. est $-16^s,8$, marquait $0^h\,17^m\,28^s$.

Le 17 Septembre suivant de Paris, la date du bord étant le 17 au matin, par une latitude 41° 17' S., on a fait les observations suivantes :

Heure au chronomètre	6h21m11	Élévation de l'œil en mètres, 7,4
Dist. obs. du bord voisin ☾ au bord voisin ☼	99°35' 53",2	Erreur instrumentale — 1' 15"
Haut. obs. du bord inf. du Soleil.........	24 28 30	
Haut. obs. du bord supér. de la Lune..	14 48 15	

On demande la longitude conclue des observations.

1° Préparation

Heure du chron. le 25 Août à midi	0h 17m28s	
Marche en 23 jours	— 6 26,4	(De même signe que la marche diurne.)
Heure du chron. le 17 Sept. à midi	0 11 01,6	
H. du chron. au mom^t de l'observ..	6 21 11	
H. approchée de Paris (*différence*)	6 10 09,4	
Partie prop. de la marche	+ 4,3	(D'un signe contraire à celui de la marche.)
Heure de Paris corresp. le 17	6 10 13,7	Calculez, pour cette heure, la parall. horiz. ☾ et le demi-diamètre horizontal.

Parallaxe équat. à 0h	56' 15"		Demi-diamètre à 0h	15' 20"
Partie proportionnelle ..	+ 11 ,4		*Partie proportionnelle*	+ 3
Parall. équat. réduite....	56 26 ,4		Demi-diamètre calculé........	15 23
Diminut. pour la latit...	— 5	(Table. X.)		
Parall. horiz. du lieu....	56 21 ,4			

2° Correction des observations

	SOLEIL *Type n° 2.*		LUNE *Type n° 6.*
Hauteur instrumentale	24° 18' 30"		14° 48' 15"
Correction instrumentale	— 1 15		— 1 15
Hauteur observée..........................	24 27 15		14 47 00
Dépression	— 4 49		— 4 49
Hauteur apparente ☼ ☾	24 22 26		14 42 11
½ *diam. en hauteur*.. 15' 57" / *Accourcissement* ...... — 1,5	+ 15 55,5	15' 27" / — 4	— 15 23
Haut. app. du centre ☼ au centre ☾	24 38 21,5		14 26 48
Réfraction — parallaxe	— 1 58,5		+ 50 52
Hauteurs vraies..............................	24 36 23		15 17 40

Distance observée	99° 35′ 53″,3
Erreur instrumentale ....—	1 15
Dist. des bords voisins..	99 34 38 ,8
Demi-diam. en haut. ☉..+	15 57
Demi-diam. en haut. ☾ ..+	15 27
Distance des centres	100 06 02

3° Calcul de la distance vraie

	+2″					
Distance apparente........	100° 06′ 00″ (1)					
Hauteur apparente ☾ ..	14 26 40 (2)	C. log. cos..	0,013950			
Hauteur apparente ☉ ..	24 38 20 (3)	Diff. logar.	10,000114			
Somme....................	139 11 00					
½ *Somme*	69 35 30	Log. cos....	9,542462			
½ *Somme — dist. appar.*	30 30 30	Log. cos....	9,935283			
Hauteur vraie ☾	15 17 32 (2)	Log. cos....	9,984344			
Hauteur vraie ☉	24 31 21,5 (3)	*Somme* ..	39,476153			
Somme des hauteurs......	39 53 53,5	½ *Somme*	19,738077			
½ *Somme*	19 56 56,7	Log. cos....—	9,973126	....	9,973126	
		Log. sin. B	9,764951			
		B = 35° 35′ 38″,5		Log. cos....	9,910176	
				Log. sin. $\frac{x}{2}$	9,883302	
					$\frac{x}{2}$ =	49° 51′ 03″
					x =	99 42 06
				Secondes néglig. +		2
				Distance vraie ..		99 42 08

(1) En négligeant 2″ sur la distance apparente, on trouvera 2″ de moins à la distance vraie.

(2) On peut ajouter ou retrancher un même nombre de secondes à la hauteur apparente et à la hauteur vraie sans altérer le résultat du calcul.

(3) Même remarque.

4° Trouver l'heure de Paris correspondante

		Différences.		
Distance calculée	99° 42′ 08″	0° 05′ 02″	Log.	2,480007
Connaiss. des Temps 6h..	99 47 10	1 28 48	C. Log.	6,273436
Connaiss. des Temps 9h..	98 18 22		Log. 3h	4,033424
			Somme — 10	2,786867
			Nombre correspondant	0h 10m 12s,1
			Hre de la dist. qui précède ...	6
			Heure de Paris	6 10 12,1

Pour cette heure de Paris, calculez la déclinaison du Soleil et l'équation du temps.

Déclin. du Soleil calculée	2° 17' 56",6
Distance polaire	92 17 56 ,6
Equation calculée.........	11ʰ 54ᵐ 29ˢ ,3

5° Trouver l'heure du bord T.M.

Voyez le Calcul n° 59 — 2°

6° Conclusion de la longitude

Heure de Paris correspondante à la distance le 17	6ʰ 10ᵐ 12ˢ,1
Heure du bord T.M le 16 (*d'après le calcul d'angle horaire*)	20 19 03 ,6
Longitude en temps ....(*différence*)	9 51 08 ,5
Longitude en degrés..	147° 47' 07",5 Ouest.

N° 64

LONGITUDE PAR LA DISTANCE DE LA LUNE AU SOLEIL.

Le 10 Mai, à midi moyen de Paris, un chronomètre dont la marche diurne est + 18ˢ,5, marquait 23ʰ 47ᵐ 21ˢ. Le 6 Juin, vers 1ʰ 30ᵐ du soir, la date de Paris étant le 6, on a fait les observations suivantes :

Heure au chronomètre..	5ʰ 04ᵐ 31ˢ	
Dist. observée du bord voisin ☾ au bord voisin ☉ ..	89° 31' 00",3	Elévation de l'œil 7ᵐ,2
Hauteur observée du bord supérieur de la Lune..........	26 08 04	Err. instrum. — 1' 15"
Hauteur observée du bord inférieur du Soleil.............	59 12 20	

Environ 2ʰ 40ᵐ après, étant par 45° 03' latitude N., au moment des circonstances favorables pour déterminer l'angle horaire, on a observé la hauteur du bord inférieur du Soleil de 31° 49'. Le chronomètre marquait à cet instant 7ʰ 46ᵐ 45ˢ.

On demande la longitude conclue de la distance.

1° Préparation

Heure du chronomètre le 10 Mai à midi de Paris........................	23ʰ 47ᵐ 21ˢ	
Marche du chronom. en 27 jours..+	8 19,5	De même signe que la marche diurne.
Heure du chronomètre le 6 Juin à midi de Paris........................	23 50 40,5	

H. du chron. au mom^t de l'observ.	29 04 31	
Heure appr. de Paris., (*différence*)	5 08 50,5	
Partie proport. pour cette heure....—	3,9	D'un signe contraire à celui de la marche.
Heure présumée de Paris le 6......	5 08 46,6	Calculez, pour cette heure, la parallaxe horizontale de la Lune et le demi-diamètre horizontal.

Parallaxe équatoriale à 0^h	59' 16"	Demi-diamètre à 0^h	16' 09"
Partie proportionnelle pour 5^h 08^m—	1 ,3	*Partie proportionnelle....*	0 ,5
Parallaxe équatoriale pour l'heure.	59 14 ,7	Demi-diamètre horizont.	16 08 ,5
Diminut. pour la latitude (*Table X*)—	6		
Parallaxe horizontale............	59 08 ,7		

2° Correction des observations

	SOLEIL *Type n° 2.*	LUNE *Type n° 6.*
Hauteur instrumentale ..	59° 12' 20"	2° 08' 04"
Erreur instrumentale ......—	1 15	— 1 15
Haut. observée du bord ..	59 11 05	26 06 49
Dépression pour 7^m,2......—	4 45	— 4 45
Haut. apparente du bord	59 06 20	26 02 04
Demi-diamètre en haut...+	15 46 ,7	— 16 16
Haut. appar. du centre...	59 22 06 ,7	25 45 48
Réfraction — parallaxe..—	30	+ 51 16
Haut. vraie du centre....	59 21 36 ,7	26 37 04

Distance observée.........	89° 31' 00",3
Erreur instrumentale......—	1 15
Distance des bords..........	89 29 45 ,3
Demi-diam. appar. ☼ ..+	15 46 ,7
Demi-diam. appar. ☾ ..+	16 16
Dist. appar. des centres	90 01 48 ,0

3° Calcul de la distance vraie

	—2"			
Distance apparente	90° 01' 50"(1)			
Hauteur apparente ☾	25 45 50 (2)	C. log. cos.	0,045471	
Hauteur apparente ☼	50 22 00 (3)	Diff. logar.	10,000107	
Somme	175 09 40			
$\frac{1}{2}$ *Somme*	87 34 50	Log. cos....	8,625464	
$\frac{1}{2}$ *Somme — dist. appar.*	2 27 00	Log. cos....	9,999603	
Hauteur vraie ☾	26 37 06 (2)	Log. cos....	9,951343	
Hauteur vraie ☼	59 21 30 (3)	*Somme* ..	38,621988	
Somme des hauteurs	85 58 36	$\frac{1}{2}$ *Somme*..	19,310994	
$\frac{1}{2}$ *Somme*	42 59 18	Log. cos.—	9,864210	 9,864210
		Log. sin. B	9,446784	
		B = 16° 14' 45"		Log. cos.... 9,982303
				Log. sin.... 9,846513
				$\frac{1}{2}$ distance......... 44° 36' 38"
				Dist. calculée.... 89 13 16
				Second. en trop..— 2
				Distance vraie.. 89 13 14

(1) En augmentant de 2" la distance apparente, on trouvera 2" de plus à la distance vraie.

(2) On peut ajouter un même nombre de secondes à la hauteur apparente et à la haut. vraie sans troubler le résultat du calcul.

(3) On peut retrancher un même nombre de secondes de la hauteur apparente et de la haut. vraie sans troubler le résultat du calcul.

4° Trouver l'heure de Paris correspondante à la distance

		Différences.		
Distance calculée	89° 13' 14"			
Distance précédente...........	88 00 49	1° 12' 25"	Log.............	3,637990
Distance suivante	89 39 47	1 38 58	C. log...........	6,226360
			Log. 3h	4,033424
			Somme — 10	3,897774
		Nombre correspondant		2h 11m 43s
		Heure de la dist. précédente ..		3
		Heure de Paris		5 11 43

5° Trouver l'heure de Paris correspondante à l'angle horaire

Heure du chronomètre au moment de la distance................................	5h 04m 31s
Heure du chronomètre au moment de l'angle horaire	7 46 45
Intervalle écoulé sur le chronomètre..	2 42 14

	2 42 14
Marche du chron. pendant cet intervalle (d'un signe contraire à celui de la marche).. —	2,1
Intervalle T.M. entre la distance et l'angle horaire........	2 42 11,9
Heure de Paris au moment de la distance........	5 11 43
Heure de Paris au moment de l'angle horaire	7 53 54,9

Pour cette heure de Paris, calculez la déclinaison du Soleil et l'équation du temps.

Déclinaison calculée	22° 39' 39" B
Distance polaire	67 20 21
Equation du temps	11h 58m 17s ,8

6° Trouver l'heure T.M. du bord

Hauteur instrumentale ☉	31° 49' 00"			
Erreur instrumentale ...... —	1 15			
Hauteur observée ☉	31 47 45			
Dépression (Table V) .... —	4 45			
Haut. appar. du bord....	31 43 00			
Réfraction — parallaxe .. —	1 27			
Hauteur vraie du bord....	31 41 33			
Demi-diamètre.............. +	15 46 ,7			
Haut. vraie du centre	31 57 19 ,7			
Latitude........................	45 03	C. log. cos.	0,150894	
Distance polaire	67 20 21	C. log. sin.	0,034892	
Somme..............	144 20 40 ,7			
½ *Somme*	72 10 20 ,3	Log. cos.....	9,485944	
½ *Somme — haut*......	40 13 00 ,6	Log. sin.....	9,810017	
		Somme ..	19,481747	
		½ *Somme*	9,740873	C'est le sin. du demi-angle horaire.
Demi-angle horaire	33° 24' 41"			
Angle horaire.................	66 49 22			
En temps	4h 27m 17s,5			L'observation étant faite le soir, l'angle horaire donne l'heure T.V. Si l'observation avait été faite le matin, on retrancherait cet angle horaire de 24h.
Heure T.V. du bord........	4 27 17 ,5			
Equation du temps........	11 58 17 ,8			
Heure T.M. du bord.......	4 25 35 ,3			

7° Conclusion de la longitude

Heure T.M. de Paris correspondante à l'angle horaire le 6	$7^h 53^m 54^s,9$
Heure T. M. du bord correspondante le 6..	4 25 35 ,3
Longitude en temps ....(*différence*)	3 28 19 ,6
Longitude en degrés	52° 04' 54" O

N° 65.

LONGITUDE PAR LA DISTANCE DE LA LUNE A UNE ÉTOILE.

Le 16 Septembre, par une latitude 29° 11' N. et une longitude estimée 69° E., on a reconnu, au moyen d'un calcul d'angle horaire, qu'il était à bord $5^h\ 11^m\ 54^s,5$ T.M., lorsqu'un chronomètre ayant $+\ 12^s,6$ de marche diurne, indiquait $0^h\ 37^m\ 28^s,2$.

Environ $8^h 30^m$ après, le navire s'étant déplacé en longitude de 25' vers l'O., au moment où le chronomètre indique $9^h\ 05^m\ 11^s,5$, on fait les observations suivantes :

Distance obs. du bord *éloigné* de la Lune à Fomalhaut....	90° 33' 31",3	Elévation de l'œil 6,4 mètres.
Hauteur observée du bord *inférieur* de la Lune	48 35 46	
Hauteur observée de Fomalhaut	20 58 00	

On demande la longitude actuelle du navire.

1° Trouver l'heure T.M. du bord correspondante aux observations

$$t' = (c' - c) - (c' - c)\frac{a}{24} + t + g$$

Heure du chronomètre au moment de l'angle horaire	$0^h 37^m 28^s,2$	c
Heure du chronomètre au moment de la distance..............................	9 05 11 ,5	c'
Intervalle écoulé sur le chronomètre..	8 27 43 ,3	$c' - c$
Marche du chron. pend^t cet interv. (d'un signe contr. à celui de la marche)—	4 ,46	$-(c'-c)\frac{a}{24}$
Intervalle T.M. écoulé entre les observations..	8 27 38 ,84	
Heure du bord T.M. au moment de l'angle horaire..............................	5 11 54 ,5	t
Heure comptée au lieu de l'ang. horaire au moment de la distance	13 39 33 ,34	
Déplacement en longitude..—	1 40	$+ g$
Heure du bord T.M. au moment de la distance	13 37 53 ,34	t'

2° Trouver l'heure approchée de Paris et les éléments

Heure du bord au moment de l'angle horaire	5h 11m 54s,5
Longitude en temps	—4 36
Heure de Paris correspondante à l'angle horaire	0 35 54 ,5
T.M. écoulé entre l'angle horaire et la distance	8 27 38 ,8
Heure de Paris au moment de la distance	9 03 33 ,3

Parallaxe équat. pour cette heure.	55' 49",2
Diminution pour la latitude	— 2 ,5
Parallaxe horizontale	55 46 ,7
Demi-diamètre horizontal	15 12 ,7

3° Correction des observations

	LUNE *Type n° 6.*	ETOILE *Type n° 4.*
Hauteur observée	48° 35' 46"	20° 58' 00"
Dépression	— 4 29	— 4 29
Hauteur apparente	48 31 17	20 53 31
Demi-diam. en hauteur	+ 15 23	
Hauteur appar. du centre	48 46 40	
Réfraction — parallaxe	+ 35 55 ,5	— 2 31 ,7
Hauteurs vraies	49 22 35 ,5	20 50 59,3

Distance observée	90° 33' 31",2
Demi-diam. en hauteur	— 15 23 ,7
Distance apparente	90 18 07 ,5

4° Calcul de la distance vraie

	+7",5				
Distance apparente......	90° 18' 00" (1)				
Hauteur apparente ☾..	48 46 40	C. log. cos.	0,181127		
Hauteur apparente ✡..	20 53 40 (2)	Diff. logar.	10,000122		
Somme...............	159 58 20				
½ *Somme*...........	79 59 10	Log. cos....	9,240267		
½ *Somme — distance*....	10 18 50	Log. cos....	9,992925		
Hauteur vraie ☾	49 22 35,5	Log. cos....	9,813638		
Hauteur vraie ✡	20 51 08,3 (2)	*Somme*..	39,228079		
Somme des haut. vraies	70 13 43,8	½ *Somme*..	19,614039		
½ *Somme*.....................	35 06 51,9	Log. cos....	—9,912757	....	9,912757 } Somme.
		Log. sin. B	9,701283		
		B = 30°	10' 36",3	Log. cos....	9,936754 } Somme.
				Log. sin. $\frac{x}{2}$.	9,849510
				$\frac{x}{2}$ =	45° 00' 12"
				x =	90 00 24
				Secondes néglig. +	7,5
				Distance vraie..	90 00 33,5

(1) En négligeant 7",5 sur la distance apparente, on trouvera 7",5 de moins à la distance vraie.

(2) On peut ajouter un même nombre de secondes à la hauteur apparente et à la hauteur vraie, sans altérer le résultat du calcul.

5° Trouver l'heure de Paris

		Différences.		
Distance calculée.............	90° 00' 33",5			
Connaiss. des Temps { 9h.	89 59 33	0° 01' 00",5	Logar..........	1,781755
Connaiss. des Temps { 12h.	91 29 18	1 29 45	C. logar.......	6,268814
			Log. 3h........	4,033424
			Somme — 10	2,083993
		Nombre correspondant.........		0h 02m 01s,2
		Heure de la dist. qui précède.		9
		Heure de Paris..................		9 02 01 ,2

6° Conclusion de la longitude

Heure de Paris correspondante à la distance le 16	9h 02m 01s,2
Heure du bord T.M. le 16	13 37 53 ,3
Longitude en temps.......................................(*différence*)	4 35 52 ,1
Longitude en degrés	68° 58' E.

N° 66

CALCUL DES HAUTEURS.

Lorsqu'on observe les distances la nuit, il est rare d'avoir un horizon suffisamment éclairé pour mesurer avec précision les hauteurs des astres : on est donc obligé de les calculer. Voici comment on aurait opéré dans le problème précédent si l'on n'avait pas pu mesurer les hauteurs.

Le 30 Août, à midi moyen de Paris, un chronomètre dont la marche diurne est + 12^s,6, marquait 23^h 59^m 34^s,8. Le 16 Septembre de Paris, la date du bord étant le 16, par une latitude 29° 11',3 N., on a trouvé au moyen d'un calcul d'angle horaire :

Heure du bord T.M. .... 5^{h}11^{m}54^s,5 Heure corresp. du chronomètre.. 0^{h}37^{m}28^s,2

Environ 8^h 30^m après, le navire ayant changé en latitude de 17',3 vers le *Sud* et en longitude de 25' vers l'*Ouest*, au moment où l'heure du chronomètre était 9^h 5^m 11^s,5, on a mesuré la distance de la Lune à Fomalhaut (bord éloigné) de 90° 33' 31",2. On demande quelles étaient à cet instant les hauteurs vraies et apparentes du centre de la Lune et de l'Etoile.

1° Trouver l'heure du bord correspondante à la distance

$$t' = (c' - c) - (c' - c)\frac{a}{24} + t + g_e$$

Heure du chronomètre au moment de l'angle horaire	0^{h}37^{m}28^s,2	c
Heure au chronomètre au moment de la distance	9 05 11 ,5	c'
Intervalle sur le chronomètre	8 27 43 ,3	$(c' - c)$
Marche du chron. pend^t cet interv. (d'un signe contr. à celui de la marche) —	4 ,46	$-(c' - c)\frac{a}{24}$
Intervalle en temps moyen	8 27 38 ,84	
Heure du bord T.M. au moment de l'angle horaire	5 11 54 ,5	t
Heure comptée au lieu de l'angle horaire au moment de la distance	13 39 33 ,34	
Déplacem^t en long. (ajout. si le navire est allé vers l'E., retr. s'il est allé vers l'O.) —	1 40	$+g_e$
Heure T.M. du bord au moment de la distance	13 37 53 ,34	t'

2° Trouver l'heure de Paris et les éléments du calcul

Le 30 Août, à midi, le chronomètre marquait	23^h 59^{m}34^s,8
Marche en 17 jours (de même signe que la marche diurne) +	3 34 ,2
Le 16 Septembre, à midi, le chronomètre marquait donc	0 03 09 ,0
Il marquait au moment de l'angle horaire	0 37 28 ,2
Heure approchée de Paris au moment de l'angle horaire	0 34 19 ,2
Part. prop. de la marche diurne (d'un signe contraire à celui de la marche) —	0 ,3
Heure de Paris au moment de l'angle horaire	0 34 18 ,9
Intervalle T.M. écoulé entre l'instant de l'angle horaire et celui de la distance.	8 27 38 ,3
Heure de Paris au moment de la distance	9 01 57 ,7

Pour cette heure de Paris, calculez les éléments suivants :

Ascension droite moyenne...	11h 40m 48s,43	Ascens. droite de la Lune....	62° 05' 30",2
Ascension droite Fomalhaut	22 49 26 ,9	Déclinaison de la Lune.........	16 55 28 B
Déclinaison de Fomalhaut....	30° 24' 25",2A	Parall. horiz. de la Lune . ..	55 46 ,7
		Demi-diamètre de la Lune....	15 12 ,7

3° Calcul des hauteurs

LUNE		FOMALHAUT	
Heure T.M. du lieu	13h 37m 53s,34		
Ascension droite moyenne	11 40 48 ,43		
Somme	25 18 41 ,77	....	25h 18m 41s,77
Ascension droite de la Lune (retranchez) —	4 08 22 ,01	*Ascens. droite de Fomalhaut* (retranch.) —	22 49 26 ,90
Heure astronomique de la Lune..............	21 10 19 ,76	Heure astronomique de Fomalhaut	2 29 14 ,87

Quand l'heure astronomique est moindre que 12h, elle est égale à l'angle horaire : dans le cas contraire, on la retranche de 24h. On aura donc :

Angle horaire de la Lune..........................	2h 49m 40s,24	Angle horaire de Fomalhaut.....................	2h 29m 14s,87
En degrés..	42° 15' 04"	*En degrés*	37° 18' 42"

Latitude au moment de l'angle horaire....	29° 11',3 N.
Changement en latitude...........................	17 ,3 S.
Latitude au moment de la distance	28 54 ,0 N.

Angle hor.....	42° 15' 04"	Log. cosin...........	9,868201	Angle horaire....	37° 18' 42"	Log. cosin......	9,900559
Latitude.......	28 54	Log. cotang........	10,258038	Latitude	28 54	Log. cotang..	10.258038
		Log. tg. x	10,126239			Log. tg. x	10,158597
x	53 12 45	C. log. cosin......	0,022683	x	55 14 12	C. log. cosin..	0,243982
Dist. polaire	73 04 32			Dist. polaire......	120 24 25		
Différence..	19 51 47	Log. cosin.........	9,973362	*Différence*	65 10 13	Log. cosin.....	9,623169
Latitude......	28 54	Log. sin...............	9,684201	Latitude	28 54	Log. sin........	9,684201
		Log. sin H.........	9,880246			Log. sin. H....	9,551352
Haut. vraie..	49° 22' 36"			Hauteur vraie ..	20° 50' 59"		
Paral.-Réf. —	35 55,5			*Réfraction*........+	2 32		
Haut. appar.	48 46 40,5			Haut. appar.....	20 53 31		

Avec ces hauteurs on corrigera la distance observée, et on déterminera la longitude comme dans le problème précédent.

N° 67

LONGITUDE PAR LA DISTANCE DE LA LUNE A UNE PLANÈTE.

Le 17 Septembre, vers 2h du matin, étant par 30° 30' latitude N. et 117° 44' longitude O. (estimée), on a observé une série de distances du bord *voisin* de la Lune à la planète *Mars* et l'on a trouvé :

Moyenne des distances	30° 17' 49"
Moyenne des heures au chronomètre	21h 51m 00s

Environ 7h après, le navire s'étant déplacé en longitude de 34',5 vers l'Est, on a obtenu par un calcul d'angle horaire :

Heure T.M. du bord 21h 15m 41s ; Heure correspondante du chronomètre 4h 59m 03s, marche diurne du chronomètre — 16s,8 : erreur instrumentale — 20".

On demande la longitude du lieu de la distance.

1° Trouver l'heure T.M. du bord au moment de la distance, ainsi que l'heure approchée de Paris

Heure du chronomètre au moment de l'angle horaire	28h 59m 03s
Heure du chronomètre au moment de la distance	21 51 00
Intervalle sur le chronomètre (*différence*)	7 08 03
Marche du chron. pendant cet interv. (correction d'un signe contraire à celui de la marche) +	5
T.M. écoulé entre la distance et l'angle horaire	7 08 08
Heure du bord au moment de l'angle horaire	21 15 41
Heure de la distance comptée du lieu de l'angle horaire (*différence*)	14 07 33
Puisque le navire s'est transporté vers l'E., l'heure comptée à la 1re station sera plus faible de —	2 18
Heure T.M. du navire au moment de la distance	14 05 15
Longitude estimée réduite en temps +	7 50 56
Heure présumée de Paris, au moment de la distance	21 56 11

2° Calcul des éléments pour l'heure présumée de Paris

Asc. droite moy. le 16 à 0h	11h 39m 19s,4
Pour 21h	3 26 ,97
Pour 56m	9 ,20
Pour 11s	0 ,04
Asc. droite moy. calculée	11 42 55 ,61
Asc. droite de *Mars* le 15	6h 43m
Pour 1 jour +	2 30s
Asc. droite de *Mars* le 16	6 45 30
Pour 21h 56m +	2 16
Ascension droite calculée	6 47 46
Déclinaison de *Mars* le 15	23° 29' 00" B
Différence diurne —	1 50
Déclinaison de *Mars* le 16	23 27 10 B
Partie prop. pour 21h 56m —	1 40
Déclinaison calculée	23 25 30 B
Distance polaire	66 34 30
Parall. horizontale de *Mars*	6"

Asc. droite ☾ le 16 à 12h	63° 39' 24"
Partie proportionnelle +	5 53 09
Ascension droite ☾ calculée	69 32 33
Déclinaison ☾ le 16 à 12h	17° 18' 36" B
Partie proportionnelle +	1 08 11
Déclinaison calculée	18 26 47 B
Distance polaire	71 33 13
Parall. horiz. ☾ le 16 à 12h	55' 54"
Partie proportionnelle +	17
Parallaxe équatoriale	56 11
Diminution pour la latitude —	3
Parallaxe horizontale	56 07
Demi-diamètre ☾ à 12h	15' 14"
Partie proportionnelle +	5
Demi-diamètre calculé	15 19

3° Calcul des hauteurs

LUNE

Heure T.M. du lieu			14h05m15s
Ascension droite moyenne			11 42 55,6
Heure T. sidéral (*Somme*)			25 48 10,6
Ascension droite ☾			— 4 36 10,2
Heure astronomique ☾			21 12 00,4

Quand l'heure astron. est moindre que 12h, elle est égale à l'angle horaire : dans le cas contraire on la retranche de 24h.

Ang. hor. ☾	2h47m59s,6		
En degrés	41°59'44"	Log. cos	9,871084
Latitude	30 30	Log. cotang.	10,220852
		Log. tang. x	10,101936
x =	51°39'48"	C. log. cos	0,207412
Dist. polaire	71 33 13		
Différence	19 53 25	Log. cos	9,973287
Latitude		Log. sin	9,705469
		Log. sin. H	9,886568
Haut. vraie	50°21'58"		
Paral.—Réfr.	— 35 28		
Hauteur appar.	49 46 30		

MARS

Heure T. sidéral			25h48m10s,6
Ascension droite de Mars			— 6 47 46
Heure astronomique de *Mars*			19 00 24 ,6

Quand l'heure astronomique est moindre que 12h, elle est égale à l'angle horaire ; dans le cas contraire, on la retranche de 24h.

Angle horaire	4h59m35s,4		
En degrés	74°53'51"	Log. cos	9,415885
Latitude	30 30	Log. cotang.	10,229852
		Log. tang. x	9,645737
x	23°51'39"	C. log. cos	0,038802
Dist. polaire	66 34 30		
Différence	42 42 51	Log. cos	9,866138
Latitude		Log. sin	9,705469
		Log. sin. H	9,610409
Hauteur vraie	24°03'52"		
Réfraction	+ 2 10		
Paral. (*T. VII*)	— 5		
Haut. apparente	24 04 57		

4° Réduction de la distance

Distance instrumentale	30° 17' 29"
Erreur instrumentale	— 20
Distance observée	30 18 09
Demi-diamètre	+ 15 30
Distance apparente	30 33 39
	—1"

Distance apparente	30° 33' 40 (1)		
Hauteur apparente ✶	24 05 50 (2)	C. log. cos.	0,039599
Hauteur apparente ☾	49 46 30 (3)	C. log. cos.	0,189908
Somme	104 26 00		
½ *Somme*	52 13 00	Log. cos	9,787232
½ *Somme — distance*	21 39 20	Log. cos	9,968212
Hauteur vraie ✶	24 03 45 (2)	Log. cos	9,960519
Hauteur vraie ☾	50 21 58 (3)	Log. cos	9,804739
Somme	74 25 43	*Somme*	39,750209
½ *Somme*	37 12 51	½ *Somme*	19,875104

Log. cos. ½ Somme hauteur vraie.	—9,901120		9,901120
Log. sin. B.	9,973934		
B = 70° 21' 55"		Log. cos	9,526368
		L. sin. $\frac{dist.}{2}$	9,427488

(1) En augmentant de 1" la distance apparente, on trouvera 1" de plus à la distance vraie.

(2) On peut négliger un même nombre de secondes à la hauteur apparente et à la hauteur vraie sans altérer le résultat du calcul.

(3) Même observation.

$\frac{\text{distance}}{2}$	=15° 31' 18"
Distance calculée	=31 02 36
Secondes en trop	— 1
Distance vraie	31 02 35

5° Trouver l'heure de Paris correspondante

			Différences.		
Distance calculée		31° 02' 35"			
Connaiss. des Temps	21h..	31 31 00	0° 28' 25"	Log	3,231724
	24h..	30 00 01	1 30 59	C. Log	6,262887
				Log. 3h	4,033424
				Somme — 10	3,528035

Nombre correspondant	0h 56m 13s,2
Hre de la dist. qui précède	21
Heure de Paris	21 56 13 ,2

6° Conclusion de la longitude

Heure de Paris correspondante à la distance	21h 56m 13s,2
Heure du bord T.M.	14 05 15
Longitude en temps (*différence*)	7 50 58 ,2
Longitude en degrés	117° 44' 33 O

N° 68.

LATITUDE ET LONGITUDE PAR LA DISTANCE DE LA LUNE AU SOLEIL

Le 6 Juin, étant par une latitude *estimée* 6° 10' N. et une longitude *estimée* 0° 50' O., vers 3h du soir, on a fait les observations suivantes :

Hauteur observée ☉ .... 43° 54' 00" Relèvement du ☉ au compas O.-N.-O ½ O.
Hauteur observée ☾ .... 42 47 20 Relèvement de la ☾ au compas Est.
Distance observée du bord voisin de la ☾ au ☉ 88° 07' 50".
Elévation de l'œil, 7m,2 : erreur instrumentale — 30".

On demande la latitude et la longitude du lieu de l'observation.

1° Préparation

Heure prés. le 6 ..	3^h	Parallaxe ☾ à 0^h......	59' 16"	Demi-diam. ☾ à 0^h....	16' 09"
Long. estimée O..+	0 $03^m 20^s$	*Partie proportionelle* —	0 ,4	*Partie proport.*.........	0
Heure app. Paris.	3 03 20	Parallaxe équat.......	59 15 ,6	Demi-diam. calculé..	16 09
		(*Table X*) .... —	0 ,1		
		Parallaxe horizont...	59 15 ,5		

2° Correction des observations

	SOLEIL *Type n° 2.*	LUNE *Type n° 6.*
Hauteur instrumentale......	43° 54' 00"	42° 47' 20"
Erreur instrumentale	— 30	— 30
Hauteur observée	43 53 30	42 46 50
Dépression	— 4 45	— 4 45
Hauteur appar. du bord ..	43 48 45	42 42 05
Demi-diam. en hauteur	+ 15 47	— 16 20
Hauteur appar. du centre..	44 04 32	42 25 45
Réfraction — parallaxe	— 55	+ 42 42
Hauteur vraie du centre....	44 03 37	43 08 27

Distance observée...........	88° 07' 50"
Erreur instrumentale........	— 30
Distance des bords	88 07 20
½ *diam. en hauteur* ☾	16 20
Demi-diamètre ☼	15 47
Distance apparente des centres.....................	88 39 27

3° Calcul de la distance vraie

	+7"			
Distance apparente	88° 39' 20" (1)			
Hauteur apparente ☾....	42 25 50 (2)	C. log. cos.	0,131887	
Hauteur apparente ☉....	44 04 30 (3)	Diff. logar.	10,000110	
Somme..................	175 09 40			
½ *Somme*	87 34 50	Log. cos....	8,625464	
½ *Somme — dist*..	1 04 30	Log. cos....	9,999924	
Hauteur vraie ☾...........	43 08 32 (2)	Log. cos....	9,863120	
Hauteur vraie ☉...........	44 03 35 (3)	*Somme*	38,620505	
Somme..................	87 12 07	½ *Somme*....	19,310252	
½ *Somme*	43 36 03	Log. cos.—	9,859826	 9,859826
		Log. sin. B	9,450426	
		B = 16° 23' 11"		Log. cos.... 9,981991
				L. sin. ½ dist. 9,841817

(1) En négligeant 7" sur la distance apparente, on trouvera 7" de moins à la distance vraie.

(2) On peut ajouter ou retrancher un même nombre de secondes à la hauteur apparente et à la hauteur vraie, sans altérer le résultat du calcul.

(3) Même remarque.

½ Distance	44° 00' 21"
Distance calculée	88 00 42
Secondes négligées ....+	7
Distance vraie	88 00 49

4° Trouver l'heure de Paris

Cette distance correspond à 3h T.M. de Paris le 6 Juin.

5° Calcul des éléments de la Connaissance des Temps

Déclin. ☉ à 0h	22° 37' 38" B	Déclin. ☾ à 0h..	10° 36' 17" B	Equation à 0h	11h 58m 14s,3
Partie prop...+	0 49	*Partie prop*......—	0 35 25	*Part. prop*.....+	1,3
Déclin. calcul.	22 38 27 B	Déclin. calculée.	10 00 52 B	Equat. calcul..	11 58 15,6
Dist. polaire...	67 21 33	Dist. polaire	79 59 08		

6° 1er Angle au Soleil

Dist. polaire ☾.	79° 59' 08"		
Dist. polaire ☉	67 21 33	C. log. sin.....	0,034828
Distance ☉ ☾..	88 00 49	C. log. sin......	0,000261
Somme	235 21 30		
½ *Somme*	117 40 45		
½ *Som. — dist. pol.* ☉	50 19 12	Log. sin.........	9,880277
½ *Somme — distance* ☉ ☾...	29 39 56	Log. sin.	9,694549
		Somme.......	19,615915
		½ *Somme*....	9,807957

Arc correspondant au sinus.... 39° 59' 16"
1er angle au Soleil.................... 79 58 32

7° 2e Angle au Soleil

Dist. zénith. ☾..	46° 51' 33"		
Dist. zénith. ☉..	45 46 23	C. log. sin......	0,143508
Distance ☉ ☾..	88 00 49	C. log. sin......	0,000261
Somme	180 48 45		
½ *Somme*..	90 24 22		
½ *Som—dist. zén.* ☉.....	44 27 50	Log. sin..........	9,845403
½ *Som—distance* ☉ ☾	2 23 33	Log. sin..........	8,620603
		Somme.....	18,609775
		½ *Somme*..	9,304887

Arc correspondant au sinus...... 11° 38' 30"
2e Angle au Soleil..................... 23 17 00

7° Angle de position

1er angle au Soleil..........	79° 58' 32"
2e angle au Soleil..........	23 17 00
Angle de position	103 15 32

Règle pour trouver l'angle de position.— Si les astres sont observés de part et d'autre du méridien, regardez, d'après les relèvements, si la somme des azimuts des deux astres est *plus petite* ou *plus grande* que 180°. Dans le premier cas, faites la somme des deux angles au Soleil : dans le second cas, faites la différence de ces mêmes angles.

Si les deux astres sont du même côté du méridien, faites la somme des deux angles au Soleil quand l'astre dont l'angle horaire est le plus petit répond en même temps au plus petit azimut. Mais si l'astre dont l'angle horaire est le plus petit répondait au plus grand azimut, on ferait la différence.

8° Calcul de la latitude

Angle de position......	103°15' 32"	Log. cos....	9,360502	
Dist. zénithale ☼......	45 56 23	Log. tang..	10,014249	
		Log. tg. x.	9,374751	
x	166° 40' 00"	C. log. cos.	0,011867	x est toujours de même espèce que l'angle de position.
Distance polaire ☼....	67 21 33			
Différence..........	99 18 27	Log. cos...	9,208800	
Dist. zénithale ☼......	45 56 23	Log. cos..	9,842243	
		Log. sin. L	9,062910	
		Latitude=6° 38' 15"		

9° Calcul de l'angle horaire

Angle de position	103° 15' 32"	Log. tang.	10,627765	
x	166 40 00	Log. sin....	9,362889	
(x— dist. pol.)...	99 18 27	C. log. sin.	0,005757	
		Som.—10	9,996411	C'est le l. tang. de l'ang. hor.

Angle horaire ☼	44° 45' 48"
En temps	$2^h 59^m 03^s,2$

L'angle horaire du Soleil donne l'heure T. V., lorsque cet angle est à l'Ouest du méridien : dans le cas contraire, on retranche cet angle de 24h.

10° Conclusion de la longitude

Heure T.V. du bord........	$2^h 59^m 03^s,2$	D'après le calcul précédent.
Equation du temps	+11 58 15 ,6	
Heure T.M. du bord	2 57 18 ,8	
Heure T.M. de Paris	3 00 00	D'après la distance.
Long. en temps .... (*diff.*)	0 02 .41 ,2	
Longitude en degrés........	0° 40' 18"O	

N° 69.

RÉDUCTION DES OBSERVATIONS LUNAIRES.

Le calcul de conversion de la distance observée en distance vraie exige l'emploi de trois éléments simultanés : la hauteur du Soleil ou de l'Etoile, celle de la Lune, et la distance observée. Voici comment, si l'on est seul observateur, on pourra se procurer ces éléments :

1° On prendra d'abord deux ou trois hauteurs de Soleil, en notant les heures correspondantes à une montre à secondes;
2° Deux ou trois haut. de Lune, en notant également les heures correspondantes à la montre;
3° Une série de cinq ou six distances,
4° Une série de hauteurs de Lune,
5° Une série de hauteurs de Soleil,
} En continuant toujours à noter les heures correspondantes à la montre.

On prendra ensuite la moyenne des observations de chaque série et la moyenne des heures correspondantes. Exemple :

			Moyenne des observations	*Moy. des heures corresp.*	
1°	H_1	hauteur ☉	54° 05' 30"	$0^h 25^m 05^s$	c_1
2°	h_1	hauteur ☾	20 04 30	0 29 23	c_2
3°		distance....................	73 14 10	0 34 31	c_3
4°	h_2	hauteur ☾................	21 22 30	0 38 57	c_4
5°	H_2	hauteur ☉................	53 40 40	0 43 55	c_5

Pour réduire les hauteurs à l'instant de la distance, on posera la proportion :

L'intervalle de temps écoulé entre les deux observations de hauteur du même astre, est à l'intervalle écoulé entre l'observation de la première hauteur et l'heure moyenne des distances, comme la différence des deux hauteurs de cet astre est à un quatrième terme qui sera le mouvement en hauteur correspondant au second intervalle, qu'il faut ajouter à la première hauteur si elle est plus petite que la seconde, ou qu'il faut en soustraire si elle est plus grande.

1° Réduction de la hauteur du Soleil

c_5	$0^h\,43^m55^s$	c_3	$0^h\,34^m31^s$	H_1	54° 05' 30"
c_1	0 25 05	c_1	0 25 05	H_2	53 40 40
differ.	18 50 :		9 26 ::		24 50 : x

1re Différence	18^m50^s	C. logar...............	6,946922
2e Différence	9 26	Logar..................	2,752816
3e Différence	24' 50"	Logar..................	3,173186
		Somme — 10..	2,872924
		Nombre correspondant......—	0° 12' 26"
		H_1..	54 05 30
		Hauteur réduite	53 53 04

2° Réduction de la hauteur de la Lune

c_4	$0^h\,38^m57^s$	c_3	$0^h\,34^m31^s$	h_1	20° 04' 30"
c_2	0 29 23	c_2	0 29 23	h_2	21 31 30
differ.	9 34 :		5 08 ::		1 28 00 : x

1re Différence	9^m34^s	C. logar...............	7,241088
2e Différence	5 08	Logar..................	2,488551
3e Différence	1° 28' 00"	Logar..................	3,722634
		Somme — 10..	3,452273
		Nombre correspondant......+	0° 47' 13"
		h_1..	20 04 30
		Hauteur réduite	20 51 43

Les observations réduites à l'instant de la distance donneront donc

Heure à la montre.	*Distance de la ☾ au ☉*	*Hauteur du ☉*	*Hauteur de la ☾*
$0^h\,34^m\,31^s$	73° 14' 10"	53° 53' 04"	20° 51' 43"

N° 70

USAGE DES DISTANCES POUR RÉGLER UN CHRONOMÈTRE

Les distances lunaires employées à déterminer la longitude, peuvent servir également à régler un chronomètre. En effet, puisque le but des distances est de faire connaître rigoureusement l'heure de Paris correspondante à l'observation, il suffira de comparer cette heure de Paris avec celle marquée au même instant par le chronomètre pour obtenir un état absolu. Mais, pour obtenir cet état avec certitude, il sera nécessaire, non-seulement d'employer plusieurs séries de distances de la Lune à un même astre, observées le même jour, mais encore de se servir de distances lunaires de différentes dénominations, c'est-à-dire d'employer le même jour des distances orientales et occidentales. On conclura autant d'états absolus que de séries, et la moyenne de ces états sera d'autant plus exacte, que les observations seront plus nombreuses.

Exemple. Le 4 Octobre, on a observé deux séries de distances de la Lune au Soleil, et dans la soirée du même jour, deux séries de distances de la Lune à Aldébaran, en notant chaque fois l'heure correspondante du chronomètre. Ayant déterminé les distances vraies et les heures de Paris correspondantes, on demande l'état du chronomètre.

	Distances vraies.	*Heures de Paris*	*Heures au chronom.*	*Etats absolus.*
au Soleil......	69° 14' 18"	$4^h 51^m 44^s$	$5^h 25^m 10^s$	$+0^h 33^m 26^s$
Soleil......	69 12 28	4 56 17,7	5 29 45,3	0 33 27,6
à Aldébaran.	46 49 26	10 24 01,4	10 57 31,0	0 33 29,6
Aldébaran.	46 51 53	10 29 03,5	11 02 34,5	0 33 31,0
	Sommes.......	30 41 06,6		114,2
	Moyennes....	7 40 16,6	....	+0 33 28,55

D'où il résulte que le 4 Octobre, à 7^h 40^m $16^s,6$ T.M. de Paris, l'état absolu du chronomètre était $+ 0^h 33^m 28^s,55$.

Interv. approché	Facteur	Interv. approché
$0^h 05^m$	0,027	$2^h 55$
0 10	0,052	2 50
0 15	0,076	2 45
0 20	0,099	2 40
0 25	0,120	2 35
0 30	0,139	2 30
0 35	0,157	2 25
0 40	0,173	2 20
0 45	0,187	2 15
0 50	0,201	2 10
0 55	0,212	2 05
1 00	0,222	2 00
1 10	0,237	1 50
1 20	0,247	1 40
1 30	0,250	1 30

N° 71

TROUVER L'HEURE DE PARIS CORRESPONDANTE A UNE DISTANCE EN TENANT COMPTE DES DIFFÉRENCES SECONDES.

Le 16 Septembre, au moment où la distance vraie de la Lune à Fomalhaut est de 90° 40' 54", on veut calculer l'heure correspondante de Paris, en tenant compte des différences secondes.

		Différences.		
Distance calculée	90° 40' 54"	0° 41' 21"	Logar...........	3,394627
Distance précédente à 9^h....	89 59 33	D = 1 29 45	C. log...........	6,268814
Distance suivante à 12^h....	91 29 45		Log. 3^h	4,033424
			Somme — 10	3,696865
			Intervalle approché..........	$1^h 22^m 56^s$

Avec cet intervalle approché, entrez dans la Table ci-jointe, vous trouverez le facteur correspondant F = 0,248. (Ce facteur se prend à vue.)

Différence entre les deux distances qui comprennent la proposée......D =	1° 29′ 45″ +
Différence suivante	1 29 59 +
Différence seconde..	14 +
Facteur F...............	0,248
Produit........	3ˢ,472

Ce produit donne la correction qu'il faut faire à l'heure approchée de Paris pour avoir l'heure exacte : on l'ajoute lorsque la différence première et la différence seconde sont de même signe; on le retranche dans le cas contraire.

Heure de la dist. précédente..	9^h
Intervalle approché..............	+ 1 $22^m 56^s$
Correction	+ 3,5
Heure de Paris demandée	10 22 59,5

RÈGLES POUR TROUVER LES SIGNES DES DIFFÉRENCES.

Les différences premières sont { *positives*, si les distances augmentent. / *négatives*, si les distances diminuent.

Les différences secondes sont:

- *positives*
  - Si les différ. prem. sont positives et augmentent.
  - Si les différ. prem. sont négatives et diminuent.
- *négatives*
  - Si les différ. prem. sont positives et diminuent.
  - Si les différ. prem. sont négatives et augmentent.

FIN DES TYPES.

ÉLÉMENTS DE LA CONNAISSANCE DES TEMPS

Employés dans ces Types

MOIS DE JUIN.

Jours	SOLEIL							POLAIRE	
	Déclinaison	Diff.	T. Sideral ou Asc. droite moy.	Temps moy. à midi vrai	Diff.	Demi diamèt.	Passage Lune au mér.	Asc. droite	Décl. Bor.
	° ′ ″	′ ″	h m s	h m s	″	′ ″	h m	h m s	° ′ ″
5	22 31 05B	6 33	4 53 14,2	11 58 03,8	10,4		5 20	1 05 05,45	88 30 37,7
6	22 37 38	6 09	4 57 10,8	11 58 14,3	10,7		6 13	06,09	37,6
7	22 43 47	5 45	5 01 07,3	11 58 25,0	11,0		7 04	06,77	37,5
8	22 49 33	5 21	5 05 03,9	11 58 36,0	11,3		7 55	07,51	37,4
9	22 54 54	4 57	5 09 00,4	11 58 47,3	11,5	15 46,7	8 44	08,30	37,2
10	22 59 51	4 33	5 12 57,0	11 58 58,8	11,7		9 35	09,15	37,1
11	23 04 24	4 09	5 16 53,6	11 59 10,6	12,0		10 26	10,03	37,0
12	23 08 32	3 44	5 20 50,1	11 59 22,6	12,1		11 19	10,91	37,0
13	23 12 17	3 20	5 24 46,7	11 59 34,7	12,3		12 12	11,78	36,9
14	23 15 36	2 55	5 28 43,2	11 59 47,0	12,5	15 46,2	13 05	12,61	36,9
15	23 18 31	2 31	5 32 39,8	11 59 59,5	12,6		13 57	13,40	36,9
16	23 21 02	2 06	5 36 36,3	0 00 12,1	12,7		14 47	14,15	36,9
17	23 23 08	1 41	5 40 32,9	0 00 24,9	12,8		15 35	14,87	36,8
18	23 24 49	1 16	5 44 29,5	0 00 37,7	12,9		16 21	15,58	36,8
19	23 26 05	0 52	5 48 26,0	0 00 50,6	12,9	15 45,9	17 05	16,28	36,7
20	23 26 57	0 27	5 52 22,6	0 01 03,6	13,0		17 47	17,00	36,7
21	23 27 24	0 02	5 56 19,1	0 01 16,6	13,0		18 29	17,75	36,6
22	23 27 25B		6 00 15,7	0 01 29,5			19 11	18,53	36,6

Jours	RÉGULUS		VIERGE (Epi)	
	Asc. droite	Décl. Bor.	Asc. droite	Décl. Aust.
	h m s	° ′ ″	h m s	° ′ ″
9	10 00 25,77	12 41 33,9	13 17 21,99	10 23 01,2
19	25,69	34,4	21,91	0.8
29	25,62	34,8	21,82	0,3

Grandes marées de Juin.

	centièmes.
P. L. le 13 à 6h 53m soir	0,83
N. L. le 19 à 6h 34m matin	0,91

ÉLÉMENTS LUNAIRES

T.M. de Paris	Déclinaison.	Différ.	Asc. droite.	Différ.	Par. équat.	Demi diam.
j h	° ′ ″	° ′ ″	° ′ ″	° ′ ″	′ ″	
5 0	14 51 31B	2 02 13	150 25 30	7 00 34	59 18	16 10
12	12 49 18	2 13 01	157 26 04	6 58 08	59 18	16 10
6 0	10 36 17	2 21 38	164 19 12	6 46 25	59 16	16 9
12	8 14 38	2 28 04	175 05 37	6 40 41	59 13	16 8
7 0	5 46 34	2 32 20	177 46 18	6 36 11	59 09	16 7
12	3 14 14	2 34 27	184 22 29	6 33 02	59 04	16 6
8 0	0 39 47B	2 34 27	190 55 31	6 31 16	58 58	16 4
12	1 54 40A	2 32 24	197 26 47	6 30 53	58 50	16 2
9 0	4 27 04	2 28 18	203 57 40	6 31 46	58 41	15 59
12	6 55 22	2 22 13	210 29 27	6 33 47	58 31	15 57
10 0	9 17 35	2 14 13	217 03 14	6 36 41	58 20	15 54
12	11 31 48	2 04 23	223 39 55	6 40 11	58 08	15 50
11 0	13 36 11	1 52 49	230 20 06	6 43 59	57 54	15 47
12	15 29 00	1 39 42	237 04 05	6 47 44	57 40	15 43
12 0	17 08 42A		243 51 49		57 24	15 38

DISTANCES DE LA LUNE								
T.M. de Paris	SOLEIL		T.M. de Paris	VIERGE (Epi)		T.M. de Paris	RÉGULUS	
	Distance	Différ.		Distance	Différ.		Distance	Différ.
j h	° ′ ″	° ′ ″	j h	° ′ ″	° ′ ″	j h	° ′ ″	° ′ ″
6 0	86 21 48	1 39 01	5 0	54 39 04	1 45 18	8 0	42 12 04	1 45 8
3	88 00 49	1 38 58	3	52 53 46	1 45 13	3	43 57 12	1 45 3
6	89 39 47	1 38 55	6	51 08 33	1 45 07	6	45 42 15	1 44 58
9	91 18 42	1 38 53	9	49 23 26	1 45 01	9	47 27 13	1 44 52
12	92 57 35	1 38 50	12	47 38 25	1 44 54	12	49 12 05	1 44 46
15	94 36 25	1 38 46	15	45 53 31	1 44 47	15	50 56 51	1 44 40
18	96 15 11	1 38 42	18	44 08 44	1 44 39	18	52 41 31	1 44 35
21	97 53 53	1 38 39	21	42 24 05	1 44 30	21	54 26 06	1 44 28
7 0	99 32 32		6 0	40 39 35		9 0	56 10 34	

MOIS DE SEPTEMBRE

Jours	SOLEIL							POLAIRE	
	Déclin.	Diff.	T. Sidéral ou Asc. moy.	T. M. à midi vrai	Diff.	Demi diamèt.	Passage Lune au mér.	Asc. droite	Déc. Bor.
	° ' "	' "	h m s	h m s	s	' "	h m	h m s	° ' "
15	3 10 15 B	23 08	11 35 22,9	11 55 16,9	21,1		15 55		
16	2 47 06	23 11	11 39 19,4	11 54 55,8	21,2		16 43	1 06 17,26	88 30 53,6
17	2 23 55	23 14	11 43 16,0	11 54 34,7	21,1	15 57,1	17 34	17,70	53,9
18	2 00 40	23 17	11 47 12,5	11 54 13,5	21,1		18 28	18,10	54,3
19	1 37 23	23 19	11 51 09,1	11 53 52,4	21,1		19 25	18,45	54,7
20	1 14 04	23 22	11 55 05,6	11 53 31,4	21,0		20 24	18,75	55,1
21	0 50 42	23 23	11 59 02,2	11 53 10,4	20,9		21 22	18,98	55,5
22	0 27 19	23 24	12 02 58,7	11 52 49,5	20,8	15 58,4	22 20	19,16	55,9
23	0 03 55 B	23 25	12 06 55,3	11 52 28,7	20,6		23 17	19,32	56,3
24	0 19 31 A	23 26	12 10 51,9	11 52 08,1	20,5		— —	19,50	56,6
25	0 42 57	23 26	12 14 48,4	11 51 47,7	20,3		0 12	19,71	57,0
26	1 06 23	23 26	12 18 45,0	11 51 27,3	20,2		1 06	19,97	57,3
27	1 29 49	23 25	12 22 41,5	11 51 07,2	20,0	15 59,8	2 00	20,27	57,7
28	1 53 14	23 24	12 26 38,1	11 50 47,2	19,8		2 54	20,60	58,0
29	2 16 38	23 23	12 30 34,6	11 50 27,4	19,6		3 48		
30	2 40 01	23 21	12 34 31,2	11 50 07,9	19,3		4 42		
1	3 03 22 A		12 38 27,7	11 49 48,6		16 01,1	5 56		

Jours	PLANÈTE MARS ♂				
	Asc. dr.	Déclin.	Passage	Parall.	1/2 Diam.
	h m	° '	h m	"	"
15	6 43	23 29 B	19 06	5,8	3
21	6 58	23 18	18 58	6,1	3,1
27	7 13	23 03	18 49	6,2	3,2

Jours	FOMALHAUT		ALDÉBARAN	
	Asc. droite	Décl. A	Asc. droite	Décl. B
	h m s	° ' "	h m s	° ' "
7	22 49 26,8	30 24 24,0	4 27 23,97	16 12 21,2
17	26,9	25,2	24,26	22,0
27	26,9	26,6	24,54	22,6

Grandes marées de Septembre

	centièmes
P. L. le 1 à 1ʰ 53ᵐ du soir	0,85
N. L. le 25 à 6 21 du matin	1,15

ÉLÉMENTS LUNAIRES

T.M. de Paris	Déclinaison	Différ.	Asc. dr.	Différ.	Par. équat.	Demi diam.
j h	° ' "	° ' "	° ' "	° ' "	' "	' "
15 0	12 10 35 B	1 54 18	45 09 04	6 00 48	55 03	15 00
12	14 01 52	1 43 11	51 09 52	6 09 49	55 18	15 04
16 0	15 45 03	1 33 33	57 19 41	6 19 43	55 35	15 09
12	17 18 36	1 22 20	63 39 24	6 30 16	55 54	15 14
17 0	18 40 57	1 09 30	70 09 40	6 41 12	56 15	15 20
12	19 50 26	0 55 00	76 50 51	6 52 02	56 37	15 26
18 0	20 45 27	0 38 55	83 42 53	7 02 25	57 01	15 32
12	21 24 21	0 21 21	90 45 18	7 11 53	57 26	15 39
19 0	21 45 42	0 02 29	97 57 11	7 20 02	57 52	15 46
12	21 48 11	0 17 21	105 17 13	7 26 26	58 19	15 53
20 0	21 30 50	0 37 46	112 43 39	7 30 47	58 46	16 01
12	20 53 04	0 58 20	120 14 26	7 33 05	59 13	16 08
21 0	19 54 44	1 18 31	127 47 31	7 33 19	59 38	16 15
12	18 36 13	1 37 46	135 20 50	7 31 45	60 03	16 22
22 0	16 58 27	1 55 33	142 52 35	7 28 42	60 25	16 28
12	15 02 54 B		150 21 17		60 44	16 33

DISTANCES DE LA LUNE						
T.M. de Paris	SOLEIL		MARS		FOMALHAUT	
	Distance	Différ.	Distance	Différ.	Distance	Différ.
j h	° ' "	° ' "	° ' "	° ' "	° ' "	° ' "
16 0	114 18 57	1 25 57	42 00 19	1 29 08	85 31 51	1 28 59
3	112 53 00	1 26 12	40 31 11	1 29 23	87 0 50	1 29 14
6	111 26 48	1 26 28	39 01 48	1 29 37	88 30 04	1 29 29
9	110 00 2[illegible]	1 26 45	37 32 11	1 29 53	89 59 33	1 29 45
12	108 33 35	1 27 0	36 02 18	1 30 09	91 29 18	1 29 59
15	107 06 35	1 27 17	34 32 09	1 30 26	92 59 17	1 30 14
18	105 39 18	1 27 35	33 01 43	1 30 43	94 29 31	1 30 29
21	104 11 43	1 27 53	31 31 00	1 30 59	96 0 0	1 30 46
17 0	102 43 50	1 28 11	30 00 01		97 30 46	
3	101 15 39	1 28 29				
6	99 47 10	1 28 48				
9	98 18 22	1 29 07				
12	96 49 15					

CONNAISSANCE DU CIEL

DES ÉTOILES EN GÉNÉRAL.

Tous les points brillants qui ornent la voûte nocturne de la sphère céleste sont désignés sous le nom général d'*étoiles ;* mais les astronomes distinguent les *planètes* qui ont un mouvement particulier dans le ciel, et ne donnent le nom d'étoiles qu'aux astres qui occupent dans le firmament une place à peu près constante.

Distances. — On trouve dans tous les traités élémentaires d'astronomie un aperçu des méthodes employées pour déterminer l'éloignement d'un astre à la terre. Ces méthodes consistent à déterminer la parallaxe horizontale, c'est-à-dire l'angle sous lequel le rayon de notre globe serait aperçu par un observateur placé au centre de cet astre. Mais toutes les observations qu'on a pu faire à cet égard n'ont donné aucune parallaxe aux étoiles : le rayon de la terre est donc une quantité trop petite pour être aperçue à une aussi grande distance. On a dû, en conséquence, chercher à résoudre le problème en se servant d'une échelle plus grande : le rayon de l'écliptique a pu être employé à cet effet.

Qu'on imagine un astre A (fig. *a.*) situé en dehors de l'espace embrassé par notre orbite TT. Lorsque la terre sera en T, l'astre nous paraîtra répondre au point *a* du ciel : environ six mois après, lorsque notre globe se sera transporté en T', nous verrons l'astre A se projeter en un point *a'* de la voûte céleste, et semblera s'être déplacé de aa'. Ce déplacement apparent, qui n'est autre que l'angle aAa' = TAT', est l'angle sous lequel un spectateur placé en A apercevrait le diamètre de l'écliptique : la moitié de cet angle se nomme *parallaxe annuelle.* Cette parallaxe annuelle dépend uniquement de la distance à laquelle l'astre A se trouve placé. Or, les observations faites aux deux points opposés de l'orbe terrestre, à une distance de 311 millions de kilomètres, n'apportent aucun changement apparent dans la position respective des étoiles, ni dans la dimension de leur diamètre, ni dans leur éclat.

On jugera de l'éloignement des étoiles, en remarquant qu'un fil d'araignée, placé devant l'œil d'un spectateur qui serait transporté dans ces étoiles, suffirait pour cacher l'écliptique entier : un cheveu cacherait tout le système solaire qui est trente fois plus étendu.

Éclat. — L'éloignement prodigieux et la vivacité de la lumière des étoiles nous prouvent évidemment qu'elles sont lumineuses par elles-mêmes et que ce sont probablement autant de soleils qui servent de foyers à des systèmes planétaires imperceptibles. Le soleil n'est, lui-même, qu'une simple étoile, dont l'éclat, la chaleur et l'étendue sont relatifs à la distance où on les voit ; car, de la planète Neptune, cet astre ne doit être vu que sous un angle de 1', distance qui est nulle en comparaison de celle des étoiles.

L'éclat des étoiles est très-vif et très-brillant mais il diffère de l'une à l'autre. Est-ce un effet de leur inégal éloignement, ou de ce que les volumes sont inégaux, ou de quelque autre cause inconnue ? il est bien vraisemblable que ces divers motifs concourent à donner aux étoiles l'éclat varié qu'on leur trouve.

Il y a des étoiles dont l'éclat varie périodiquement, d'autres dont la lumière semble s'affaiblir continuellement, enfin d'autres qui ont une couleur propre ; quelques-unes ont apparu subitement et plus tard on a cessé de les voir. Nous donnerons quelques détails à ce sujet, lorsque nous aurons appris à distinguer les étoiles et à les dénommer.

Grandeur. — Les dimensions des étoiles sont inappréciables : plus les lunettes ont de force, et plus ces astres semblent petits, parce qu'elles les privent de cet effet qu'on nomme *irradiation.* A la vue simple, tous paraissent étendus. Tycho et Képler croyaient le diamètre de Vénus, l'un 12 fois, l'autre 7 fois plus grand qu'il n'est. Si une étoile avait seulement 1″ de diamètre, elle serait plus d'un million de fois plus grande que le soleil, en accordant à cette étoile 1″ de parallaxe annuelle. Cependant, à en croire Herschell, Wéga a 0″, 33, Aldébaran 1″, 5, la Chèvre 2″, 5, de diamètre ; cette dernière contiendrait alors 20 millions de corps égaux au soleil.

Constellations. — Pour dénommer les étoiles, on a imaginé de les grouper et de donner des noms à chaque groupe, appelé *constellation.* On dessine sur chaque constellation quelque animal, ou une autre image tout à fait arbitraire, et l'on dénomme les étoiles par les places qu'elles y occupent. C'est ainsi qu'on dit *la Queue du Lion*, *le Cœur du Scorpion*, *l'Œil du Taureau*, etc. Il n'y a aucune ressemblance entre les configurations formées par les étoiles et ces animaux, et il ne faudrait pas chercher à reconnaître au ciel les constellations en s'imaginant y rencontrer des figures de ce genre. C'est une tradition de l'antiquité qui, en choisissant ces symboles arbitraires, a cédé à des usages religieux et à des illusions astrologiques.

On a donné des noms propres à plusieurs étoiles d'un éclat remarquable ; les autres sont dénommées comme il vient d'être dit, et, plus ordinairement encore, par une lettre grecque ou italique, ou par un chiffre.

On comprendra donc aisément ce qu'on entend par ces désignations : *α de la Petite Ourse*, *β d'Orion*, *Aldébaran*, *Procion*, *Syrius*, etc. En jetant les yeux sur une carte du ciel, rien ne sera plus facile que de comprendre ce système de nomenclature.

Les étoiles dont l'éclat est le plus vif sont dites de *première grandeur* ou *primaires ;* celles dont la lumière est moindre sont de *seconde grandeur* ou *secondaires ;* il y en a de 3e, 4e... Au-dessous de la 6e, les étoiles ne sont plus visibles sans lunettes. Il ne faut pas attacher à ces nombres des idées d'exactitude, puisque la classification est établie d'après l'éclat et non d'après la grandeur, les dimensions de toutes les étoiles étant également inappréciables. Aussi les astronomes ne sont-ils pas d'accord entre eux à ce sujet ; quelques étoiles sont entre la 1re et la 2e grandeur, d'autres entre la 2e et la 3e, etc.

CONSTELLATIONS BORÉALES.

Le planisphère 1 représente les constellations boréales comprises entre le pôle et l'équateur. Comme cette carte nous montre la concavité du ciel, l'observateur est censé avoir le visage tourné vers le Nord, le levant étant à sa droite, le couchant à sa gauche. Le spectateur, ainsi placé, reconnaîtra le pôle boréal à une étoile qui semble être immobile, et qu'on nomme *Polaire :* elle brille presque seule dans cette région du ciel, et nous allons apprendre à la reconnaître. Toutes les autres constellations tournent autour de ce point, et prennent, en 24 heures, toutes les positions possibles, soit en haut, soit en bas, et de l'un ou de l'autre côté. Le ciel change donc d'aspect à chaque heure de la nuit ; et, à cause du mouvement annuel, les mêmes apparences ne se reproduisent pas toutes les nuits aux mêmes heures. On ne peut donc enseigner à connaître les constellations en indiquant les positions qu'elles occupent à une heure donnée, soit par rapport à l'horizon, soit par rapport au méridien. Mais comme toutes les étoiles conservent la même position relative, il suffit d'en connaître quelques-unes très-remarquables pour trouver les positions des autres en les alignant avec elles.

Grande Ourse. — Cette constellation est formée de six belles étoiles de seconde grandeur, et d'une autre de troisième grandeur. De ces sept étoiles, quatre forment un quadrilatère, α, β, γ, δ ; les trois autres, qui se dirigent sur le prolongement d'une des diagonales, forment la queue ε, ζ, η. Cette belle constellation, qu'on appelle aussi le *Chariot*, est du nombre de celles qui ne se couchent pas dans nos climats, et qu'on peut voir dans toute nuit sereine, ainsi que les deux suivantes.

Petite Ourse. — La Petite Ourse est figurée comme la grande, mais sous de moindres dimensions et avec un moindre éclat. Trois étoiles tertiaires α, β et γ, et quatre quartaires la composent : β, γ, ζ, η forment le quadrilatère, δ, ε, α la queue. Cette étoile α est surtout très-importante à distinguer ; car c'est la *Polaire* dont nous avons déjà parlé, et autour de laquelle les autres constellations semblent tourner.

Prolongez le côté α β du quadrilatère de la Grande Ourse, celui qui est opposé à la queue, vous irez à la Polaire, ce prolongement ayant à peu près pour longueur celle de la Grande

Ourse entière. Comme la Polaire est la seule étoile remarquable dans cette partie du ciel, elle est fort aisée à reconnaître. Cette étoile est à 1° 27′ du pôle.

Cassiopée, le Trône, la Chaise. — Cette constellation est de l'autre côté du pôle par rapport à la Grande Ourse ; elle est de celles qui ne se couchent jamais en France. La ligne qui va de la première ε de la queue de la Grande Ourse à l'étoile Polaire, prolongée d'une quantité égale, va traverser *Cassiopée*. Ce groupe de cinq étoiles tertiaires est très-remarquable par sa figure en Y, dont la queue est brisée à l'étoile δ, et qui prend, d'ailleurs, toutes les situations à mesure qu'elle tourne. Quelques personnes y trouvent encore la forme d'une chaise renversée : β α γ κ sont le siége, γ δ ε sont le dos courbé. Ces figures sont assez équivoques, surtout à raison des changements causés par la rotation diurne ; mais rien n'est plus facile que de distinguer cette constellation : une fois qu'on l'a vue, il est impossible de l'oublier, et on la reconnaît tout de suite.

Céphée. — Trois étoiles tertiaires αβγ près de la ligne qui va de la Polaire à α du Cygne, forment un arc dont le centre est vers β de Cassiopée ; cet arc est plus près du pôle que Cassiopée. La ligne αβ des Gardes de la Grande Ourse, qui, prolongée, donne la Polaire, va se porter au delà sur γ, qui limite l'arc de Céphée.

Pégase ou **la Grande Croix.** — En prolongeant la ligne qui va des Gardes αβ de la Grande Ourse à la Polaire, on traverse au delà de Cassiopée le carré de Pégase, formé de quatre étoiles secondaires, près duquel deux tertiaires ηζ sont sur une parallèle au côté αβ. Le carré de Pégase et celui de la Grande Ourse sont des côtés opposés du pôle, et passent au méridien supérieur à douze heures d'intervalle l'un de l'autre.

Andromède. — Prolongez la diagonale αα de Pégase, vous rencontrerez αβγ d'Andromède, trois étoiles secondaires, dont la première α fait partie du carré de Pégase.

Persée. — Prolongez encore cette même diagonale, et vous arriverez sur α de Persée, aussi de deuxième grandeur, située au milieu d'un arc oblique βαγη.

Voilà donc sept étoiles secondaires imitant la forme de la Grande Ourse, savoir, un carré et une queue sur la diagonale prolongée ; mais ici la queue est presque droite, terminée par l'arc de Persée, et les étoiles moins proches du pôle que la Grande Ourse occupent aussi une étendue plus considérable.

Le Cocher, le Charretier forment un grand pentagone irrégulier αβθβι, où se trouvent trois belles étoiles en triangle isocèle αββ. L'une d'elles α s'appelle la *Chèvre ;* c'est une des plus brillantes du ciel. On remarque près d'elle un triangle isocèle très-allongé εηζ, formé de trois petites étoiles quartaires, nommées les *Chevreaux* ou les *Boucs*, qui servent à distinguer la Chèvre de toutes les étoiles primaires.

Cette constellation, placée devant Persée, est facile à reconnaître.

Le Bouvier. — En prolongeant la queue courbe de la Grande Ourse, on va sur le *Bouvier*, dont l'étoile α est *Arcturus*, de première grandeur. Cette constellation présente une espèce de pentagone au Nord-Est d'Arcturus.

La Couronne boréale. — Six à sept étoiles à l'Orient du Bouvier forment un demi-cercle très-remarquable, dont la concavité regarde le pôle de l'écliptique. La diagonale βδ du carré de la Grande-Ourse qui, prolongée, s'étend sur ε et ζ de la queue, se porte plus loin sur la Couronne qui a une belle étoile secondaire α.

La Lyre. — Cette constellation, figurée en aigle dont le vol se porte en bas, est aussi nommée le *Vautour tombant*, tandis que l'Aigle se porte vers le Nord. La Lyre a une belle étoile α (*Wéga*) qui offre avec Arcturus et la Polaire un grand triangle dont la Lyre est le sommet d'un angle droit ; elle est opposée à la Chèvre relativement au pôle. Un peu au-dessous de Wéga sont trois tertiaires βγδ qui font un triangle isocèle.

Le Cygne, la Croix. — Cette constellation, à l'orient de la Lyre, forme une grande croix dans la Voie lactée ; elle est opposée aux Gémeaux relativement au pôle, qui est au milieu d'eux : une secondaire α est, en haut, sur la diagonale βγ de Pégase.

L'Aigle. — Au Midi du Cygne et de la Lyre, on voit trois étoiles voisines et en ligne oblique, dont celle du milieu est primaire ou secondaire α (*Altaïr*). Les deux autres βγ sont tertiaires. Au Nord, la direction de cette ligne va sur la Lyre.

Hercule. — La ligne qui va de la Lyre à α de la Couronne traverse un quadrilatère η π ε ζ d'étoiles tertiaires ; la diagonale η ε se dirige au Midi sur une tertiaire δ, puis à la tête α d'Hercule.

Nous bornerons ici la nomenclature des constellations boréales, parce qu'avec la connaissance de celles qui précèdent, il sera facile, en jetant les yeux sur une carte détaillée du ciel, de reconnaître toutes les autres.

CONSTELLATIONS ZODIACALES.

Les douze constellations zodiacales que le soleil traverse successivement en une année sont énoncées par ces vers latins :

Sunt : Aries, Taurus, Gemini, Cancer, Leo, Virgo,
Libraque, Scorpius, Arcitenens, Caper, Amphora, Pisces.

Elles ne sont pas toutes remarquables, et la connaissance des principales suffit : on trouve bientôt les autres, d'après leur rang au ciel parmi cette série de constellations.

Le Bélier. — La tête du Bélier est formée de deux étoiles tertiaires très-voisines α, β, dans une direction qui va au Nord-Est sur le Cocher ; β est la plus occidentale. Un peu au-dessous de β est une quartaire γ.

Cette constellation est au-dessous d'Andromède ; entre les deux on voit la *Mouche*, qui forme un petit triangle sur le prolongement de la ligne α β. Le Bélier est situé sur la ligne des Pléïades, à γ *Algénib.*

Le Taureau ;

Les Pléïades, la Poussinière ;

Les Hyades.

La ligne du baudrier d'Orion se dirige au Nord-Est sur un groupe de six étoiles très-serrées, dont une η tertiaire. Ce sont les *Pléïades*, sur le dos du *Taureau*. Une étoile primaire α, un peu rougeâtre, est *l'œil du Taureau* ou *Aldébaran ;* elle termine la branche inférieure d'un V oblique formé de cinq étoiles très-visibles, qui sont les *Hyades* au front du Taureau. Ce V peut se prolonger en bas jusqu'à un quartaire λ, qui lui donne la forme en Y. Aldébaran est sur la ligne qui, du pôle, va passer entre la Chèvre et Persée sans rencontrer aucune étoile remarquable. Plus haut, l'étoile secondaire β, à la pointe inférieure du pentagone du Cocher, est la corne boréale du Taureau.

Les Gémeaux. — Une ligne de quatre étoiles, dont une γ est secondaire, est à l'Est du Taureau : ce sont les pieds des *Gémeaux ;* leurs têtes sont deux belles étoiles, *Castor* α au Nord et à droite, *Pollux* β. Castor et Aldébaran sont à la base d'un triangle isocèle dont la Chèvre est le sommet. La constellation des Gémeaux forme une sorte de parallélogramme oblique.

L'Écrevisse, le Cancer. — Sur le milieu de la ligne droite qui va de α de l'Hydre aux têtes des Gémeaux, sont deux quartaires voisines, puis un groupe d'étoiles très-petites qu'on nomme l'*Étable* ou la *Nébuleuse*, entre deux quartaires δ γ, qui sont les *Anes*. Cette constellation est la moins apparente du zodiaque.

Le Lion. — Le Lion est un grand trapèze de quatre belles étoiles α β γ δ au-dessous de la Grande Ourse ; la ligne des Gardes qui donne la Polaire, prolongée en sens opposé, traverse ce trapèze. La base inférieure a deux étoiles primaires, le *Cœur* α, ou *Régulus*, et la queue β. Le côté γ α sert de base à un triangle ε α γ au-dessus duquel est un autre trapèze plus petit que le premier μ ζ γ ε.

La Vierge. — Sur le prolongement de la grande diagonale α γ du carré de l'Ourse est, vers le Midi, une étoile primaire α : c'est l'*Épi de la Vierge ;* elle fait un triangle équilatéral avec *Arcturus* et la queue β du Lion. La droite, qui va de cette dernière à l'Épi, rencontre un V ouvert à angle droit, formé de cinq étoiles tertiaires ε δ γ η et β. Le côté inférieur suit l'écliptique et se dirige à Régulus ; l'autre va à la dernière η de la queue de l'Ourse.

La Balance a quatre étoiles, dont une assez belle, et trois tertiaires ; elles sont disposées en quadrilatère.

Le Scorpion. — Cette constellation est très-remarquable ; elle se compose d'une file d'étoiles tertiaires courbées en S. A la pointe supérieure est une belle primaire α (Antarès) ; plus haut, à droite, on voit des étoiles disposées en arc concave vers Antarès, et dont une est secondaire.

Le Sagittaire. — Un peu à l'Orient d'Antarès, en suivant la direction de l'écliptique, est le Sagittaire, formant un trapèze oblique

$\zeta \tau \delta \varphi$; à droite est une file d'étoiles $\beta \varepsilon \delta \lambda$ en ligne courbe, imitant un arc convexe vers le Scorpion : la flèche est $\sigma \delta \gamma$.

Le Capricorne. — La ligne qui va de la Lyre à l'Aigle se prolonge sur deux étoiles très-voisines et tertiaires $\alpha \beta$, la tête du Capricorne. La plus élevée α est double.

Le Verseau a deux triangles très-peu élevés au-dessus de leurs bases, qui sont disposés en une même ligne droite avec le Capricorne.

Les Poissons sont deux files sinueuses d'étoiles très-petites et peu visibles, dont l'une se perd à la ceinture d'Andromède et l'autre s'étend sous le carré de Pégase. A la jonction de ces deux files, vers le Sud-Est, est la tertiaire α, la seule étoile remarquable de cette constellation.

CONSTELLATIONS AUSTRALES.

La Baleine. — Au-dessous du Bélier, on rencontre une secondaire α, qui forme un triangle équilatéral avec le Bélier et les Pléïades : c'est la mâchoire de la Baleine ; $\alpha \mu \xi$ et γ forment un parallélogramme. Cette base $\alpha \gamma$ se prolonge sur la tertiaire δ ou sur la changeante o ; et continuant toujours cette direction au Sud-Ouest, on trouve un grand quadralitère formée de quatre tertiaires $\zeta \tau \eta \theta$, puis la queue β, qui est une secondaire ; et enfin, beaucoup plus bas, on va presque sur Fomalhant. Un autre quadrilatère $\pi \varepsilon \rho \sigma$, beaucoup plus petit, est à gauche du second. On croit trouver dans la Baleine la figure d'une lampe antique, dont α est le bec et β l'anse.

Le Poisson austral. — *Fomalhant* est une primaire située très-bas sur le prolongement du côté occidental du carré de Pégase. Dans nos contrées, on ne le voit qu'en automne et près du Sud.

Orion. — Cette constellation est la plus belle de toutes, par son étendue et le nombre d'étoiles brillantes qui la composent. Un grand quadrilatère $\alpha \gamma \beta \varkappa$ a ses diagonales formées de deux secondaires $\varkappa \gamma$ et de deux primaires $\alpha \beta$: à l'angle *Nord-Est* est α ou l'*épaule droite* (*Betelguese*); à l'angle *Sud-Ouest* β ou le *pied gauche* ou *Rigel*, γ (*Bellatrix*), δ (*Mintaka*). Au milieu du quadrilatère sont trois secondaires serrées, disposées en ligne oblique $\delta \varepsilon \zeta$, c'est le *Baudrier*, la *Ceinture*, les *Trois Rois*, le *Râteau*, le *Bâton de Jacob*. Cette ligne va au *Nord-Ouest* à *Aldébaran*, et au *Sud-Est* à Sirius. Au-dessous est une traînée lumineuse de trois étoiles très-rapprochées : c'est l'Epée. Entre l'épaule occidentale γ et Aldébaran est le *Bouclier*, composé d'une file de petites étoiles en ligne courbe.

Orion est placé au-dessous du Cocher, sur le prolongement diagonal $\delta \beta$ de la grande Ourse qui rencontre les Gémeaux ; elle est entre cette dernière constellation et le Taureau, mais un peu plus bas. Nous la voyons briller dans les belles nuits d'hiver, et elle se trouve dans une région du Ciel qui est peuplée d'une multitude d'étoiles brillantes.

Le grand Chien. — En prolongeant vers la gauche la base $\beta \varkappa$ du quadrilatère d'Orion, ou le Baudrier $\delta \zeta$, on trouve la plus belle étoile du Ciel, α *Sirius ;* elle est l'angle supérieur oriental d'un grand quadrilatère $\alpha \zeta \beta \varepsilon$, dont la base est adjacente à un triangle $\varepsilon \delta \eta$.

Le petit Chien. — *Procyon* α est au-dessous des Gémeaux, à l'Est de l'angle supérieur α du quadrilatère d'Orion. Près de Procyon on trouve une tertiaire β.

L'Éridan. — Une file d'étoiles tertiaires et quartaires va en serpentant de l'angle occidental inférieur d'Orion, en se dirigeant vers le pôle austral. Après plusieurs très-grandes sinuosités, elle se termine à une belle étoile primaire, à 32° du pôle austral, α (*Acharnar*).

Le Lièvre. — Quatre étoiles $\alpha \beta \gamma \delta$ forment un quadrilatère au-dessous de celui d'Orion. Plus bas encore, on voit la Colombe.

Le Corbeau. — Grand trapèze de quatre étoiles tertiaires $\alpha \beta \gamma \delta$ au Midi de la Vierge et sur l'alignement de la Lyre à l'Epi. En prolongeant la base septentrionale de ce trapèze, on arrive à l'Epi.

Le Navire, le Vaisseau. — En prolongeant vers le Sud le côté $\beta \zeta$ du quadrilatère du grand Chien, on arrive à une belle étoile, α *Canopus*, la plus belle du Ciel après Sirius : elle appartient au Navire. On voit trois tertiaires de la même constellation $\varkappa \xi \iota$ à l'*Est* et proche du triangle du grand Chien. Trois belles secondaires de la même constellation β ε γ sont placées à l'Orient de Canopus ; elles sont placées sur la Voie lactée, et sur un grand cercle passant par les trois tertiaires, et proche du pôle austral ; une autre secondaire η est placée sur le prolongement de la ligne qui va de Canopus à β.

La Croix du Sud. — A 30° du pôle austral se trouve une constellation très-remarquable, composé d'une primaire α (*Macula Magellanica*), de deux secondaires β et γ et d'une tertiaire δ. Ces quatres étoiles forment une croix dont le grand bras est dirigé vers le pôle. Lorsque cette constellation passe au méridien, le grand bras est perpendiculaire à l'horizon.

Le Centaure. — Si l'on suit, vers l'Orient, la direction du petit bras de la Croix, on rencontrera deux belles primaires α et β du Centaure ; les autres étoiles de cette constellation sont des tertiaires répandus sur un grand espace borné au Sud par la ligne passant par ces deux primaires, à l'Ouest par la ligne qui suit le prolongement du grand bras de la Croix, au Nord par l'Hydre.

Le Triangle. — Près des deux primaires du Centaure, dans la direction du ***Sud-Est***, on remarque une constellation composée d'une secondaire α et de deux tertiaires β γ. Ces trois étoiles forment un triangle isocèle, dont α est le sommet.

La Mouche. — Près de la Croix, et au Sud, on remarque une étoile de seconde grandeur ; c'est α de la Mouche.

PARTICULARITÉS SUR LES ÉTOILES.

La Voie lactée est une bande irrégulière et blanchâtre qu'on aperçoit au firmament dans les nuits sereines, et qui traverse le Ciel en coupant l'écliptique vers les deux solstices. Démocrite jugea autrefois que la blancheur de cette trace céleste devait être produite par une multitude d'étoiles trop petites pour être aperçues directement : Herschell a reconnu la vérité de cette supposition.

Les Nébuleuses sont de très-petits nuages blanchâtres qu'on voit épars dans le Ciel. Il est vraisemblable que, pour la plupart, ce sont des groupes d'étoiles placés à un immense éloignement de nous, et dont il suffirait de s'approcher pour qu'ils présentassent des apparences semblables à celle de la Voie lactée. Les corps qui les composent sont sans doute très-distants les uns des autres dans les profondeurs des espaces célestes, et notre système, vu de ces astres, n'est lui-même qu'une partie de nébuleuse formée des étoiles voisines de notre soleil.

Il y a des nébuleuses qu'on ne peut supposer formées de groupes de très-petites étoiles, comme les précédentes. Les unes nommées *Stellaires*, sont arrondies, et ont une densité décroissante vers le contour : on les prendrait pour de petites comètes, mais elles ne changent pas de place dans le Ciel. La nébuleuse près de ν d'Andromède est un long ovale, et son éclat va en s'affaiblissant du centre aux bords ; les autres sont appelées *planétaires*, elles ont une figure ronde ou ovale, avec une lumière assez égale : telle est celle qu'on voit près de ν du Verseau. La dimension de ces astres doit être immense, et l'on admet volontiers qu'ils sont composés d'une vapeur rare et lumineuse.

Mouvements propres. — Nous avons dit que les étoiles conservent leurs distances angulaires les unes à l'égard des autres, et qu'elles n'ont que les mouvements apparents du Ciel entier, mais qu'elles sont immobiles dans l'espace. Ce qui est vrai en général ne l'est pas absolument dans certains cas particuliers ; car en observant attentivement les étoiles, on en remarque qui ont de très-petits mouvements, devenus sensibles par le temps. Sirius a un mouvement propre annuel de 2″ ; Arcturus en a un de 1″ 5 ; Procyon un de 0″ 7 ; la 29e de l'Eridan un de 4″ ; η de Cassiopée un de 1″78, etc. Ces petits déplacements se font dans des directions diverses. Comme ces corps sont à des distances immenses, on voit qu'ils parcourent ainsi de très-grands espaces. Il est même vraisemblable que toutes les étoiles se meuvent, mais que leur éloignement ne nous permet pas d'en être certain.

Étoiles multiples. — Plusieurs étoiles, lorsqu'on les observe avec des lunettes à forts grossissements, se trouvent composées de deux, trois et quatre étoiles distinctes, mais fort rapprochées, et qui se confondent en une seule à simple vue. Ainsi, la belle étoile Castor est formée de deux étoiles distantes de 5″ de degré.

Herschell a compté jusqu'à cinq cents étoiles doubles, dont les étoiles partielles n'étaient pas à 30″ de distance; et de nos jours, le nombre de ces astres multiples s'élève à plus de trois mille.

On croyait d'abord que ce rapprochement n'était qu'un effet d'optique, car des astres qui seraient placés à des profondeurs très-inégales dans l'espace, mais dans la même direction, nous sembleraient se confondre, et le mouvement de la Terre dans l'écliptique ne suffirait pas pour les séparer, puisque l'étendue de cette orbite est tout à fait nulle, comparée à la distance. Il y a sans doute des étoiles multiples qui sont dans ce cas, mais ce n'est pas le plus grand nombre.

En effet, en suivant attentivement leur marche, on trouve que les deux étoiles forment quelquefois un système à part; l'une et l'autre tournent autour de leur centre commun de gravité. C'est comme si la Terre était lumineuse par elle-même, et tournait autour du Soleil. Souvent même, ces étoiles diffèrent entre elles par la couleur.

Ces étoiles doubles qui exécutent des révolutions l'une autour de l'autre dans des orbites régulières, sont connus sous le nom de *binaires :* on en compte trente à quarante, et les observations en font connaître chaque jour de nouvelles. Les principales sont les suivantes :

Noms des étoiles.	Durée des révolutions.
γ Lion	1,200 ans.
γ Vierge	628,9
61 Cygne	452
σ Couronne	286,6
Castor	252,66
ξ Bouvier	117,14
70 Ophincus	80,34
ζ Cancer	55?
ξ Grande Ourse	58,26
η Couronne	43,40

Parmi les étoiles multiples, on distingue ζ Orion, qu'on regardait comme formée de deux séries d'étoiles triples; elle paraît composée de deux séries quadruples, entre lesquelles se trouvent deux étoiles très-brillantes, qui avaient échappé jusqu'ici à toutes les recherches, et que sir G. Herschell a bien observées avec le nouveau télescope réfracteur-fluide de M. Barlow; ε de Persée, qu'on croyait binaire, est une collection de six étoiles distinctes.

Étoiles changeantes. — Plusieurs étoiles appelées changeantes présentent des variations périodiques dans l'intensité de leur lumière. Elles restent quelques heures, quelques mois, sans être visibles, puis reparaissent, brillant du plus vif éclat. On a observé près du Cygne trois étoiles changeantes; une d'elles disparaît quelquefois, et devient ensuite de 5e grandeur; la période est de 597 jours.

Nous citerons encore o de la Baleine qui paraît d'abord secondaire et plus brillante que α et β; cet éclat dure 15 jours, et diminue ensuite jusqu'à ce que l'étoile ne soit plus que de la 10e grandeur. Les retours au plus grand éclat se font après 335 jours.

Algob ou β de la Méduse passe de la 2e à la 4e grandeur dans une période de 2 jours 20 heures, etc.

La cause de ces variations est attribuée à trois circonstances; il est difficile de choisir entre ces opinions. Les uns supposent que ces étoiles ont des planètes invisibles pour nous, à raison de la distance qui, dans leurs révolutions, s'interposent et produisent une éclipse; les autres veulent que ces étoiles aient un mouvement de rotation, et que la surface ait des parties obscures qui s'offrent à nous; ou bien que la forme de l'astre soit lenticulaire, et que la surface qui nous est offerte, variant d'étendue, cause le changement d'éclat.

Outre ces étoiles, on en remarque dont la lumière croît sensiblement avec la durée des siècles, telles que β à la queue de la Baleine; d'autres, au contraire, ont brillé d'un éclat extraordinaire, et ont bientôt disparu. En 389, une étoile parut tout à coup près de l'Aigle, et fut pendant trois semaines aussi belle que Vénus. Une, dans le Scorpion, brilla pendant quatre mois d'une lumière égale au quart de celle de la Lune. La plus remarquable de toutes est celle qui parut en 1572 dans la constellation de Cassiopée; elle prit tout à coup une lumière plus vive que celle de Jupiter, et, après avoir passé du blanc au jaunâtre, au jaune rougeâtre, et enfin au blanc plombé, s'éteignit 16 mois après son apparition, sans avoir changé de place dans le ciel. Sa lumière avait la vivacité des étoiles fixes. Ces astres disparurent pour toujours sans avoir changé de place relativement aux étoiles. La cause de ce singulier phénomène est inconnue; il paraît pourtant qu'on peut l'attribuer à un vaste incendie; ce soupçon est fortifié par le changement de couleur, analogue à celui que nous offrent sur la Terre les corps que nous voyons s'enflammer et s'éteindre.

Ces phénomènes ont fait conjecturer à Laplace qu'il doit exister dans l'espace céleste des corps obscurs aussi considérables, et peut-être en aussi grand nombre que les étoiles. Car tous ceux qui ont paru pour redevenir invisibles doivent être à la place où ils ont été observés, puisqu'ils n'en ont pas changé durant leur apparition.

Étoiles filantes. — On voit quelquefois, au milieu d'une nuit profonde et par un temps serein, des points étincelants qui parcourent rapidement le ciel, en imitant une fusée qui traverse l'air : c'est un sillon lumineux qui s'éteint presque aussitôt ; et ce qui est fort singulier, sans qu'on en connaisse la cause, c'est que ce phénomène est plus fréquent dans certains mois. Vers le 13 novembre, on remarque un grand nombre de ces jets de lumière subite, qu'on a nommés *étoiles filantes*. On sait que ce ne sont pas des étoiles, et l'on a longtemps cru que ce n'étaient que des ruisseaux de gaz qui s'enflammaient par des causes électriques, en un mot de véritables *météores*. Mais leur parallaxe les place beaucoup plus haut que les limites de l'atmosphère. En cherchant la direction apparente, suivant laquelle les étoiles filantes se meuvent ordinairement, on a reconnu par une autre voie, que si elles s'enflamment dans notre atmosphère, elles n'y prennent pas du moins naissance, qu'elles viennent du dehors. *Cette direction, la plus habituelle des étoiles filantes, semble diamétralement opposée au mouvement de translation de la Terre dans son orbite.*

D'après ces considérations, on est, pour ainsi dire, forcé d'admettre qu'il circule autour du Soleil des milliards de petits corps semblables aux planètes ; que ces corps ne deviennent visibles qu'au moment où ils traversent notre atmosphère et s'y enflamment ; qu'il en existe d'isolés, et d'autres qui sont comme réunis en groupes. Dans la nuit du 11 au 12 novembre 1833, on a vu en Amérique une si grande quantité de ces phénomènes, se succédant à de si courts intervalles, qu'on n'aurait pas pu les compter ; des évaluations modérées portent leur nombre à des centaines de mille. On les aperçut le long de la côte orientale d'Amérique, depuis le golfe du Mexique jusqu'à Halifax, depuis neuf heures du soir jusqu'au lever du Soleil, et même, dans quelques endroits, en plein jour jusqu'à huit heures du matin. Tous ces météores partaient d'un même point du ciel, situé près du γ du Lion, et cela quelle que fût d'ailleurs, par l'effet du mouvement diurne de la sphère, la position de cette étoile.

En 1799, un pluie semblable fut observée en Amérique par M. de Humboldt ; au Groënland, par les frères Moraves ; en Allemagne, par diverses personnes.

La date est la nuit du 11 au 12 novembre.

En 1831, même phénomène fut observé sur les côtes d'Espagne, à bord du brick de guerre le *Loiret*. Voici un extrait du journal de ce navire.

« Le 13 novembre 1831, à quatre heures du « matin. Le ciel était parfaitement pur, la rosée « très-abondante ; nous avons vu un nombre « considérables d'étoiles filantes et de météores « lumineux d'une grande dimension ; pendant « plus de trois heures, il s'en est montré, terme « moyen, deux par minute. Un de ces météores, « qui a paru au zénith, en faisant une énorme « traînée dirigée de l'Est à l'Ouest, nous a « présenté une bande lumineuse très-large « (égale à la moitié du diamètre de la Lune), et « où l'on a très-bien distingué plusieurs cou- « leurs de l'arc-en-ciel. Sa trace est restée vi- « sible pendant plus de six minutes. Nous « étions alors sur la côte d'Espagne près de « Carthagène. »

L'*Europe*, l'année suivante, 1832, fut témoin du même phénomène.

La date est encore la nuit du 12 au 13 novembre.

Paris, imp. Paul Dupont,
rue de Grenelle-St-Honoré, 45.

CONSTELLATIONS BORÉALES.

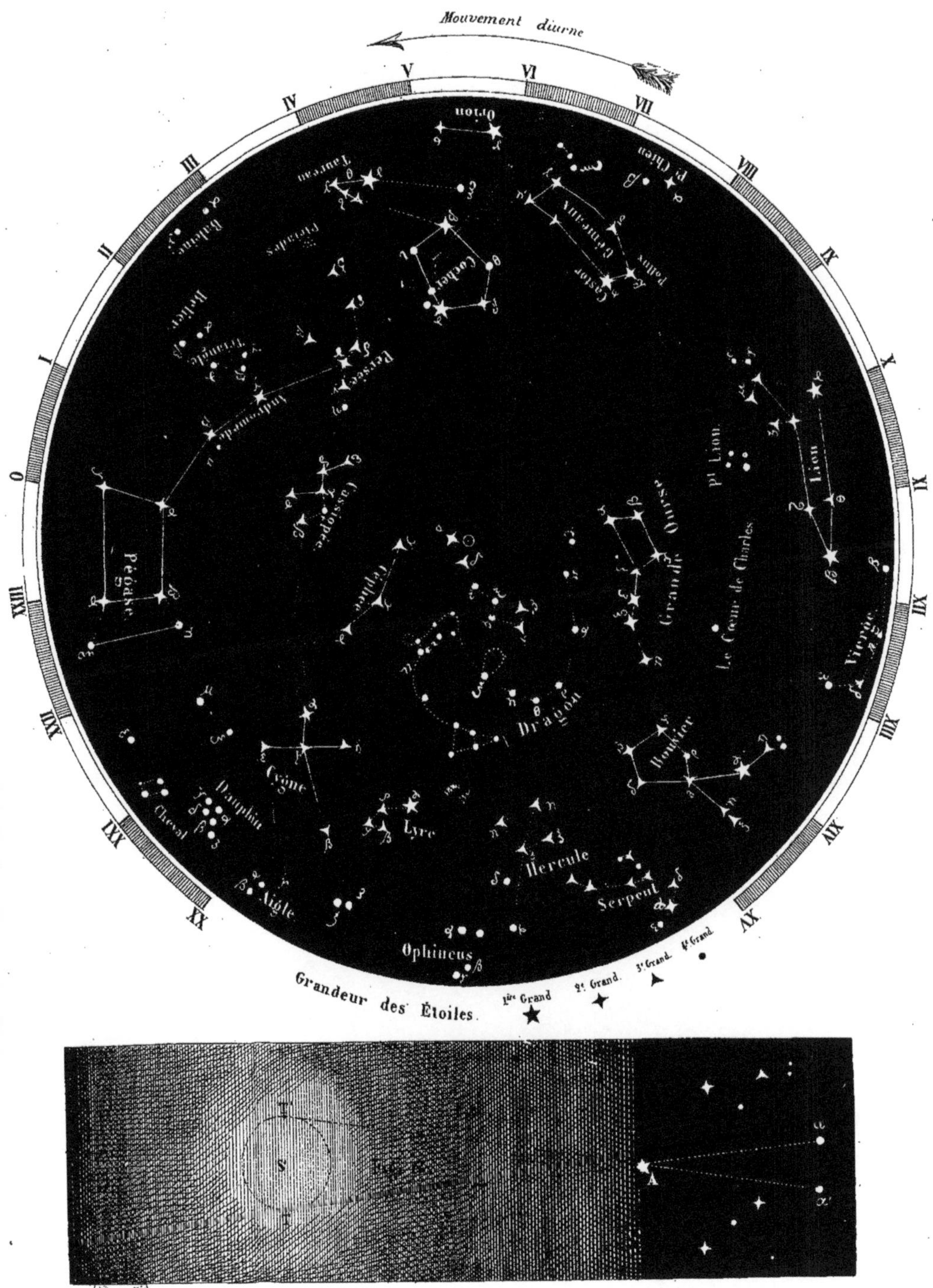

Planche 2.

CONSTELLATIONS ZODIACALES.

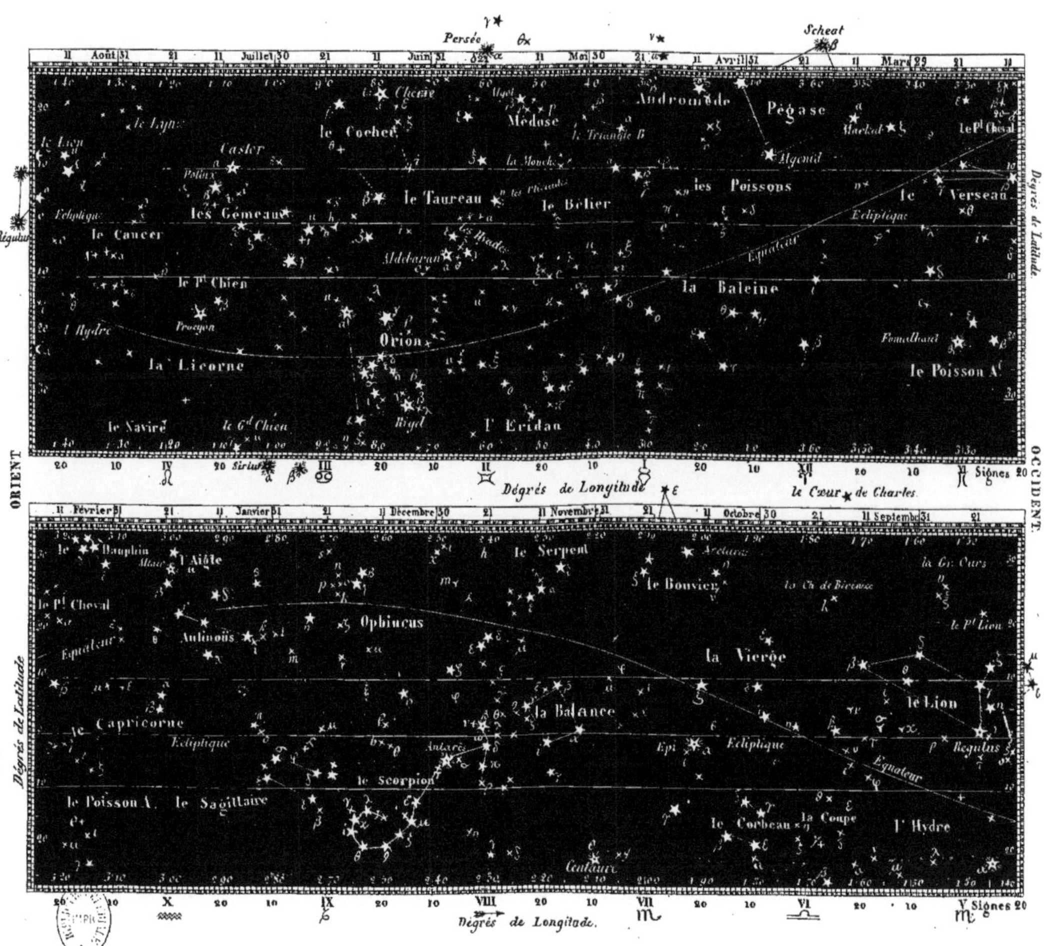

Planche 3.

CONSTELLATIONS AUSTRALES.

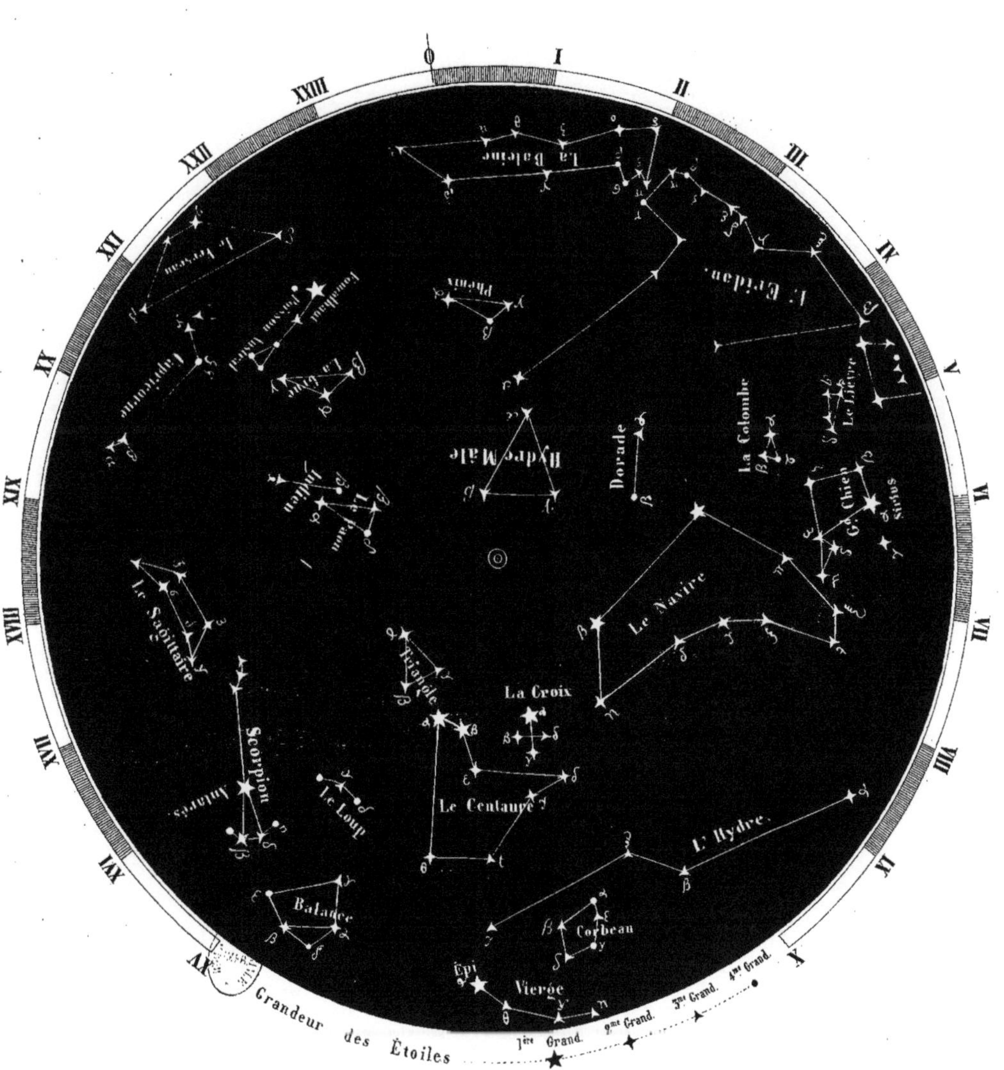

L. TAPIÉ

GUIDE PRATIQUE

DU

NAVIGATEUR

TABLES

HAVRE

Théodule COCHARD, Libraire-Editeur

SEUL Dépositaire des Cartes de la Marine Impériale

Rue des Drapiers, 29

TABLE I

Conversion des Degrés en Heures

DEGRÉS						MINUTES		SECOND.	
°	h m	°	h m	°	h m	'	m s	'	s
1	0 04	61	4 04	121	8 04	1	0 04	1	0.07
2	0 08	62	4 08	122	8 08	2	0 08	2	0.13
3	0 12	63	4 12	123	8 12	3	0 12	3	0.20
4	0 16	64	4 16	124	8 16	4	0 16	4	0.27
5	0 20	65	4 20	125	8 20	5	0 20	5	0.33
6	0 24	66	4 24	126	8 24	6	0 24	6	0.40
7	0 28	67	4 28	127	8 28	7	0 28	7	0.47
8	0 32	68	4 32	128	8 32	8	0 32	8	0.53
9	0 36	69	4 36	129	8 36	9	0 36	9	0.60
10	0 40	70	4 40	130	8 40	10	0 40	10	0.67
11	0 44	71	4 44	131	8 44	11	0 44	11	0.73
12	0 48	72	4 48	132	8 48	12	0 48	12	0.80
13	0 52	73	4 52	133	8 52	13	0 52	13	0.87
14	0 56	74	4 56	134	8 56	14	0 56	14	0.93
15	1 00	75	5 00	135	9 00	15	1 00	15	1.00
16	1 04	76	5 04	136	9 04	16	1 04	16	1.07
17	1 08	77	5 08	137	9 08	17	1 08	17	1.13
18	1 12	78	5 12	138	9 12	18	1 12	18	1.20
19	1 16	79	5 16	139	9 16	19	1 16	19	1.27
20	1 20	80	5 20	140	9 20	20	1 20	20	1,33
21	1 24	81	5 24	141	9 24	21	1 24	21	1.40
22	1 28	82	5 28	142	9 28	22	1 28	22	1.47
23	1 32	83	5 32	143	9 32	23	1 32	23	1.53
24	1 36	84	5 36	144	9 36	24	1 36	24	1.60
25	1 40	85	5 40	145	9 40	25	1 40	25	1.67
26	1 44	86	5 44	146	9 44	26	1 44	26	1.73
27	1 48	87	5 48	147	9 48	27	1 48	27	1.80
28	1 52	88	5 52	148	9 52	28	1 52	28	1.87
29	1 56	89	5 56	149	9 56	29	1 56	29	1.93
30	2 00	90	6 00	150	10 00	30	2 00	30	2.00
31	2 04	91	6 04	151	10 04	31	2 04	31	2.07
32	2 08	92	6 08	152	10 08	32	2 08	32	2.13
33	2 12	93	6 12	153	10 12	33	2 12	33	2.20
34	2 16	94	6 16	154	10 16	34	2 16	34	2.27
35	2 20	95	6 20	155	10 20	35	2 20	35	2.33
36	2 24	96	6 24	156	10 24	36	2 24	36	2.40
37	2 28	97	6 28	157	10 28	37	2 28	37	2.47
38	2 32	98	6 32	158	10 32	38	2 32	38	2.53
39	2 36	99	6 36	159	10 36	39	2 36	39	2.60
40	2 40	100	6 40	160	10 40	40	2 40	40	2.67
41	2 44	101	6 44	161	10 44	41	2 44	41	2.73
42	2 48	102	6 48	162	10 48	42	2 48	42	2.80
43	2 52	103	6 52	163	10 52	43	2 52	43	2.87
44	2 56	104	6 56	164	10 56	44	2 56	44	2.93
45	3 00	105	7 00	165	11 00	45	3 00	45	3.00
46	3 04	106	7 04	166	11 04	46	3 04	46	3.07
47	3 08	107	7 08	167	11 08	47	3 08	47	3.13
48	3 12	108	7 12	168	11 12	48	3 12	48	3.20
49	3 16	109	7 16	169	11 16	49	3 16	49	3.27
50	3 20	110	7 20	170	11 20	50	3 20	50	3.33
51	3 24	111	7 24	171	11 24	51	3 24	51	3.40
52	3 28	112	7 28	172	11 28	52	3 28	52	3.47
53	3 32	113	7 32	173	11 32	53	3 32	53	3.53
54	3 36	114	7 36	174	11 36	54	3 36	54	3.60
55	3 40	115	7 40	175	11 40	55	3 40	55	3.67
56	3 44	116	7 44	176	11 44	56	3 44	56	3.73
57	3 48	117	7 48	177	11 48	57	3 48	57	3.80
58	3 52	118	7 52	178	11 52	58	3 52	58	3.87
59	3 56	119	7 56	179	11 56	59	3 56	59	3.93
60	4 00	120	8 00	180	12 00	60	4 00	60	4.00

TABLE II

Conversion des Heures en Degrés

HEURES	DEGRÉS	MINUTES	DEGRÉS MINUTES	SECONDES	MINUTES SECONDES	CENTIÈM.	SECONDES DIXIÈMES
1	15	1	0 15	1	0 15	0.00	0 0
2	30	2	0 30	2	0 30	0.02	0.3
3	45	3	0 45	3	0 45	0.04	0.6
4	60	4	1 00	4	1 00	0.06	0.9
5	75	5	1 15	5	1 15	0.08	1.2
6	90	6	1 30	6	1 30	0.10	1.5
7	105	7	1 45	7	1 45	0.12	1.8
8	120	8	2 00	8	2 00	0.14	2.1
9	135	9	2 15	9	2 15	0.16	2.4
10	150	10	2 30	10	2 30	0.18	2.7
11	165	11	2 45	11	2 45	0.20	3.0
12	180	12	3 00	12	3 00	0.22	3.3
13	195	13	3 15	13	3 15	0.24	3.6
14	210	14	3 30	14	3 30	0.26	3.9
15	225	15	3 45	15	3 45	0.28	4.2
16	240	16	4 00	16	4 00	0.30	4.5
17	255	17	4 15	17	4 15	0.32	4.8
18	270	18	4 30	18	4 30	0.34	5.1
19	285	19	4 45	19	4 45	0.36	5.4
20	300	20	5 00	20	5 00	0,38	5.7
21	315	21	5 15	21	5 15	0.40	6.0
22	330	22	5 30	22	5 30	0.42	6.3
23	345	23	5 45	23	5 45	0.44	6.6
24	360	24	6 00	24	6 00	0.46	6.9
		25	6 15	25	6 15	0.48	7.2
		26	6 30	26	6 30	0.50	7.5
		27	6 45	27	6 45	0.52	7.8
		28	7 00	28	7 00	0.54	8.1
		29	7 15	29	7 15	0.56	8.4
		30	7 30	30	7 30	0.58	8.7
		31	7 45	31	7 45	0.60	9.0
		32	8 00	32	8 00	0.62	9.3
		33	8 15	33	8 15	0.64	9.6
		34	8 30	34	8 30	0.66	9.9
		35	8 45	35	8 45	0.68	10.2
		36	9 00	36	9 00	0.70	10.5
		37	9 15	37	9 15	0.72	10.8
		38	9 30	38	9 30	0.74	11.1
		39	9 45	39	9 45	0.76	11.4
		40	10 00	40	10 00	0.78	11.7
		41	10 15	41	10 15	0.80	12.0
		42	10 30	42	10 30	0.82	12.3
		43	10 45	43	10 45	0.84	12.6
		44	11 00	44	11 00	0.86	12.9
		45	11 15	45	11 15	0.88	13.2
		46	11 30	46	11 30	0.90	13.5
		47	11 45	47	11 45	0.92	13.8
		48	12 00	48	12 00	0.94	14.1
		49	12 15	49	12 15	0.96	14.4
		50	12 30	50	12 30	0.98	14.7
		51	12 45	51	12 45		
		52	13 00	52	13 00		
		53	13 15	53	13 15		
		54	13 30	54	13 30		
		55	13 45	55	13 45		
		56	14 00	56	14 00		
		57	14 15	57	14 15		
		58	14 30	58	14 30		
		59	14 45	59	14 45		
		60	15 00	60	15 00		

TABLE III

Conversion du T. moy. en T. sid.
Partie prop. de l'Asc. dr. moy.

T. MOYEN	T. SIDÉR.	T. MOYEN	T. SIDÉR.	T. MOYEN	T. SIDÉR
h	m s	m	s	s	s
1	0 09.86	1	0.16	1	0.00
2	0 19.71	2	0.33	2	0.01
3	0 29.57	3	0.49	3	0.01
4	0 39.43	4	0.66	4	0.01
5	0 49.28	5	0.82	5	0.01
6	0 59.14	6	0.99	6	0.02
7	1 09.00	7	1.15	7	0.02
8	1 18.85	8	1.31	8	0.02
9	1 28.71	9	1.48	9	0.03
10	1 38.57	10	1.64	10	0.03
11	1 48.42	11	1.81	11	0.03
12	1 58.28	12	1.97	12	0.03
13	2 08.13	13	2.14	13	0.04
14	2 17.99	14	2.30	14	0.04
15	2 27.85	15	2.46	15	0.04
16	2 37.70	16	2.63	16	0.04
17	2 47.56	17	2.79	17	0.05
18	2 57.42	18	2.96	18	0.05
19	3 07.27	19	3.12	19	0.05
20	3 17.13	20	3.29	20	0.06
21	3 26.99	21	3.45	21	0.06
22	3 36.84	22	3.61	22	0.06
23	3 46.70	23	3.78	23	0.06
24	3 56.56	24	3.94	24	0.07
		25	4.11	25	0.07
		26	4.27	26	0.07
		27	4.44	27	0.07
		28	4.60	28	0.08
		29	4.76	29	0.08
		30	4.93	30	0.08
		31	5.09	31	0.09
		32	5.26	32	0.09
		33	5.42	33	0.09
		34	5.59	34	0.09
		35	5.75	35	0.10
		36	5.91	36	0.10
		37	6.08	37	0.10
		38	6.24	38	0.10
		39	6.41	39	0.11
		40	6.57	40	0.11
		41	6.74	41	0.11
		42	6.90	42	0.12
		43	7.06	43	0.12
		44	7.23	44	0.12
		45	7.39	45	0.12
		46	7.56	46	0.13
		47	7.72	47	0.13
		48	7.89	48	0.13
		49	8.05	49	0.13
		50	8.21	50	0.14
		51	8.38	51	0.14
		52	8.54	52	0.14
		53	8.71	53	0.15
		54	8.87	54	0.15
		55	9.04	55	0.15
		56	9.20	56	0.15
		57	9.36	57	0.16
		58	9.53	58	0.16
		59	9.69	59	0.16
		60	9.86	60	0.16

TABLE IV

Conversion du T. sid. en T. moy.

T. SIDÉR.	T. MOYEN	T. SIDÉR.	T. MOYEN	T. SIDÉR.	T. MOYEN
h	m s	m	s	s	s
1	0 09.83	1	0.16	1	0,00
2	0 19.66	2	0.33	2	0.01
3	0 29.49	3	0.49	3	0.01
4	0 39.32	4	0.66	4	0.01
5	0 49.15	5	0.82	5	0.01
6	0 58.98	6	0.98	6	0.02
7	1 08.81	7	1.15	7	0.02
8	1 18.64	8	1.31	8	0.02
9	1 28.47	9	1.47	9	0.03
10	1 38.30	10	1.64	10	0.03
11	1 48.13	11	1.80	11	0.03
12	1 57.96	12	1.97	12	0.03
13	2 07.78	13	2.13	13	0.04
14	2 17.61	14	2.29	14	0.04
15	2 27.44	15	2.46	15	0.04
16	2 37.27	16	2.62	16	0.04
17	2 47.10	17	2.79	17	0.05
18	2 56.93	18	2.95	18	0.05
19	3 06.76	19	3.11	19	0.05
20	3 16.59	20	3.28	20	0.06
21	3 26.42	21	3.44	21	0.06
22	3 36.25	22	3.60	22	0.06
23	3 46.08	23	3.77	23	0.06
24	3 55.91	24	3.93	24	0.07
		25	4.10	25	0.07
		26	4.26	26	0.07
		27	4.42	27	0.07
		28	4.59	28	0.08
		29	4.75	29	0.08
		30	4.92	30	0.08
		31	5.08	31	0.09
		32	5.24	32	0.09
		33	6.41	33	0.09
		34	5.57	34	0.09
		35	5.73	35	0.10
		36	5.90	36	0.10
		37	6.06	37	0.10
		38	6.23	38	0.10
		39	6.39	39	0.11
		40	6.55	40	0.11
		41	6.72	41	0.11
		42	6.88	42	0.12
		43	7.05	43	0.12
		44	7.21	44	0.12
		45	7.37	45	0.12
		46	7.54	46	0.13
		47	7.70	47	0.13
		48	7.86	48	0.13
		49	8.03	49	0.13
		50	8.19	50	0.14
		51	8.36	51	0.14
		52	8.52	52	0.14
		53	8.68	53	0.15
		54	8.85	54	0.15
		55	9.01	55	0.15
		56	9.17	56	0.15
		57	9.34	57	0.16
		58	9.50	58	0.16
		59	9.67	59	0.16
		60	9.83	60	0.16

TABLE V

Dépr[on] et Distan. de l'Horizon

Élév. de l'œil en mètres	DÉPRESS.	DISTANCE EN MILLES
m	' "	m
0.2	0 47	0.87
.4	1 07	1.21
.6	1 22	1.48
.8	1 35	1.71
1.0	1 46	1.93
.2	1 57	2.12
.4	2 06	2.28
.6	2 15	2.43
.8	2 23	2.58
2.0	2 30	2.73
.2	2 38	2.85
.4	2 45	2.98
.6	2 51	3.10
.8	2 58	3.22
3.0	3 04	3.33
.2	3 10	3.45
.4	3 16	3.55
.6	3 22	3.65
.8	3 27	3.75
4.0	3 33	3.85
.2	3 38	3.95
.4	3 43	4.03
.6	3 48	4.13
.8	3 53	4.22
5.0	3 58	4.32
.2	4 03	4.40
.4	4 07	4 58
.6	4 12	4.57
.8	4 16	4.63
6.0	4 21	4.72
.2	4 25	4.80
.4	4 29	4.88
.6	4 33	4.95
.8	4 37	5.02
7.0	4 41	5.10
.2	4 45	5.17
.4	4 49	5.23
.6	4 53	5.32
.8	4 57	5.38
8.0	5 01	5.45
2	5 05	5.52
.4	5 08	5.58
.6	5 12	5.65
.8	5 16	5.72
9.0	5 19	5.78
.2	5 23	5.85
.4	5 26	5.90
.6	5 30	5.97
.8	5 33	6.03
10.	5 36	6.10
11.	5 53	6.38
12.	6 09	6.67
13.	6 24	6.95
14.	6 38	7.22
15.	6 52	7.47
16.	7 06	7.70
17.	7 19	7.95
18.	7 31	8.20
19.	7 44	8.40

TABLE VI

Réfraction moyenne

Hautr appar.	Réfraction —par ☉	Différ pr 1'	Réfraction des ✡
° '	' "	"	' "
0 00	33 39.6	11 22	33 48.2
10	31 47.4	10.51	31 56.0
20	30 02.3	9.73	30 10.9
30	28 24.9	8.98	28 33.5
40	26 55.0	8.36	27 03.6
50	25 31.4	7.74	25 40.0
1 00	24 13.9	7.16	24 22.5
10	23 02.3	6.62	23 10.9
20	21 56.1	6.15	22 04.7
30	20 54.4	5.71	21 03.0
40	19 57.3	5.33	20 05.9
50	19 04.0	4.93	19 12.6
2 00	18 14.7	4.59	18 23.3
10	17 28.7	4.31	17 37.3
20	16 45.5	4.28	16 54.1
30	16 05.7	3.74	16 14.3
40	15 28.3	3.51	15 36.9
50	14 53.1	3.28	15 01.7
3 00	14 20.3	3.08	14 28.9
10	13 49.5	2.88	13 58.1
20	13 20.5	2.72	13 29.1
30	12 53.2	2.57	13 01.8
40	12 27.5	2.43	12 36.1
50	12 03.2	2.30	12 11.8
4 00	11 40.3	2.17	11 38.9
10	11 18.6	2.05	11 27 2
20	10 58.1	1.94	11 06.7
30	10 38.7	1.84	10 47.3
40	10 20.3	1.74	10 28.9
50	10 02.9	1.66	10 11.5
5 00	9 46.3	1.59	9 54.9
10	9 30.3	1.50	9 39.0
20	9 15.3	1.44	9 23.9
30	9 00.9	1.37	9 09.5
40	8 47.2	1.29	8 55.8
50	8 34.1	1.25	8 42.7
6 00	8 21.7	1.18	8 30.3
10	8 09.7	1.15	8 18.3
20	7 58.3	1.10	8 06.9
30	7 47.3	1.06	7 55.9
40	7 36.8	1.03	7 45.4
50	7 26.7	0.99	7 35.3
7 00	7 17.0	0.95	7 25.6
10	7 07.7	0.90	7 16.3
20	6 58.7	0.86	7 07.3
30	6 50.1	0.81	6 58.7
40	6 41.8	0.77	6 50.4
50	6 33.8	0.75	6 42.4
8 00	6 26.1	0.73	6 34.7
10	6 18.6	0.71	6 27.2
20	6 11.4	0.69	6 20.0
30	6 04.5	0.67	6 13.1
40	5 57.8	0.65	6 06.4
50	5 51.5	0.63	6 00.0
9 00	5 45.2		5 53.7

Hautr appar.	Réfraction —par ☉	Diff. pr 1'	Réfraction des ✡
° '	' "	"	' "
9 00	5 45.2	0.62	5 53.7
10	5 39.1	0.59	5 47.6
20	5 33.2	0.57	5 41.7
30	5 27.5	0.55	5 36 0
40	5 22.0	0.53	5 30.5
50	5 16.7	0.52	5 25.2
10 00	5 11.5	0.51	5 20.0
10	5 06.5	0.50	5 15.0
20	5 01.6	0.48	5 10.1
30	4 56.9	0.46	5 05.4
40	4 52.3	0.44	5 00.8
50	4 47.9	0.42	4 56.3
11 00	4 43.5	0.41	4 51.9
10	4 39.3	0.40	4 47.7
20	4 35.1	0.40	4 43.5
30	4 31.1	0.39	4 39.5
40	4 27.2	0.39	4 35.6
50	4 23.4	0.38	4 31.8
12 00	4 19.7	0.37	4 28.1
10	4 16.0	0.36	4 24.4
20	4 12.4	0.35	4 20.8
30	4 08.9	0.34	4 17.5
40	4 05.5	0.32	4 14.1
50	4 02.3	0.31	4 10.9
13 00	3 59.3	0.31	4 07.7
10	3 56 1	0.30	4 03.6
20	3 53.1	0.30	4 00 6
30	3 50.1	0.29	3 58.5
40	3 47.2	0.29	3 55.6
50	3 44.3	0.28	3 52.7
14 00	3 41.7	0.26	3 50.0
10	3 39.1	0 26	3 47.4
20	3 36.5	0.26	3 44.8
30	3 33.9	0.26	3 42.0
40	3 31.3	0.26	3 39.4
50	3 28.7	0.26	3 36.8
15	3 26.2	0.23	3 34.5
16	3 12.5	0.20	3 20.8
17	3 00.4	0.18	3 08.6
18	2 49 5	0.16	2 57.7
19	2 39.8	0.15	2 47.9
20	2 30.9	0.14	2 39.0
21	2 22.8	0.12	2 30.8
22	2 15.4	0.11	2 23.4
23	2 08.7	0.10	2 16.6
24	2 02.4	0.10	2 10.3
25	1 56.6	0.09	2 04.4
26	1 51.3	0.08	1 59.0
27	1 46.3	0.08	1 54.0
28	1 41.6	0.07	1 49.2
29	1 37.3	0.07	1 44.8
30	1 33.3	0.06	1 40.7
31	1 29.4	0.06	1 36.7
32	1 25.8	0.05	1 33.0
33	1 22.4		1 29.6

Hautr appar.	Réfraction —par ☉	Diff. pr 1'	Réfraction des ✡
°	' "	"	' "
33	1 22.4	0.05	1 29.6
34	1 19.1	0.05	1 26.3
35	1 16.1	0.05	1 23.1
36	1 13.1	0.05	1 20.1
37	1 10.4	0.04	1 17.2
38	1 07.8	0.04	1 14.5
39	1 05.2	0.04	1 11.9
40	1 02.8	0.04	1 09.4
41	1 00.5	0 04	1 07.0
42	0 58.3	0.03	1 04.7
43	0 56.2	0.03	1 02.5
44	0 54.1	0.03	1 00.3
45	0 53.2	0.03	0 58.3
46	0 50.3	0.03	0 56.3
47	0 48.5	0.03	0 54.3
48	0 46.7	0.03	0 52.5
49	0 45.0	0.03	0 50.6
50	0 43.4	0.03	0 48.9
51	0 41.8	0.03	0 47.2
52	0 40.3	0.03	0 45.5
53	0 38.8	0.03	0 43.9
54	0 37.3	0.02	0 42.3
55	0 35.9	0.02	0 40.8
56	0 34.5	0.02	0 39.3
57	0 32.2	0.02	0 37.8
58	0 31.9	0.02	0 36 4
59	0 30.6	0.02	0 35.0
60	0 29.4	0.02	0 33.7
61	0 28.2	0.02	0 32.3
62	0 27.0	0.02	0 31.0
63	0 25.8	0.02	0 29.7
64	0 24.7	0.02	0 28 4
65	0 23.6	0.02	0 27.2
66	0 22.5	0.02	0 25.9
67	0 21.4	0.02	0 24.7
68	0 20.4	0.02	0 23.5
69	0 19.3	0.02	0 22.4
70	0 18.3	0.02	0 21.2
71	0 17.3	0.02	0 20.1
72	0 16 3	0.02	0 18.9
73	0 15.3	0.02	0 17.8
74	0 14.3	0.02	0 16.7
75	0 13.4	0.02	0 15.6
76	0 12.5	0.02	0 14.5
77	0 11.5	0.02	0 13.4
78	0 10.6	0.02	0 12.4
79	0 09.7	0.02	0 11.3
80	0 08.8	0.02	0 10.3
82	0 07.0		0 8.2
84	0 05.2		0 6.1
86	9 03.5		0 4.1
88	0 01.7		0 2.0
90	0 0		0 0

TABLE VII

Parallaxe des Planètes à divers degrés de hauteur

Hautr	1"	2"	3"	4"	5"	6"	7"	8"	9"	10"
°										
3	1 0	2.0	3.0	4 0	5.0	6.0	7.0	8.0	9.0	10.0
6	1.0	2.0	3.0	4 0	5.0	6.0	7.0	8.0	8.9	10.0
9	1.0	2.0	3.0	4.0	4.9	5.9	6.9	7.9	8 9	9.9
12	1.0	2.0	2.9	3.9	4.9	5.9	6.8	7.8	8.8	9.8
15	1.0	1.9	2.9	3.9	4.8	5.8	6.8	7.7	8.7	9.7
18	0.9	1 9	2.8	3.8	4.8	5.7	6.7	7.6	8.6	9.5
21	0.9	1.9	2.8	3.7	4.7	5.6	6 5	7.5	8.4	9.3
24	0.9	1.8	2.7	3.6	4.6	5.5	6.4	7.3	8.2	9.1
27	0.9	1.8	2.7	3 6	4.5	5.3	6.2	7.1	8.0	8.9
30	0.9	1.7	2.6	3.5	4.3	5.2	6.0	6.9	7.8	8.7
33	0.8	1.7	2.5	3 4	4.2	5.0	5.9	6.7	7.5	8.4
36	0.8	1.6	2 4	3 2	4.0	4.8	5.7	6.5	7.3	8.1
39	0.8	1.5	2 3	3.1	3.9	4.7	5.4	6.2	7.0	7.8
42	0.7	1.5	2.2	3.0	3.7	4.5	5.2	5.9	6.7	7.4
45	0.7	1 4	2.1	2 8	3.5	4.2	4.9	5.7	6.4	7.1
48	0.7	1.3	2 0	2.7	3.3	4.0	4.7	5.3	6 0	6.7
51	0.6	1 3	2 0	2 5	3.1	3.8	4.4	5.0	5.7	6.3
54	0.6	1.2	1 7	2 3	2.9	3.5	4 4	4.7	5.3	5.9
57	0.5	1 1	1.6	2 2	2.7	3.3	3.8	4.4	4.9	5.4
60	0.5	1.0	1.5	2.0	2.5	3.0	3.5	4.0	4.5	5.0
63	0 4	0 9	1.4	1.8	2 3	2 7	3.2	3.6	4.1	4.5
66	0.4	0.8	1.2	1.6	2.0	2.4	2 8	3.2	3.7	4.1
69	0.4	0.7	1.1	1.4	1.8	2.1	2 5	2 9	3.2	3.6
72	0.3	0.6	0.9	1.2	1.5	1.8	2.2	2 5	2.8	3.1
75	0.3	0.5	0.8	1.0	1.3	1.5	1.8	2.1	2.3	2.6
78	0.2	0.4	0.6	0 8	1.0	1.2	1 5	1.7	1.9	2.1
81	0.2	0.3	0.5	0.6	0 8	0.9	1.1	1 2	1.4	1 6
84	0.1	0.2	0 3	0.4	0 5	0.6	0.7	0.8	0.9	1.0
87	0.1	0.1	0.2	0 2	0.3	0.3	0.4	0.4	0.5	0.5
90	0.0	0.0	0.0	0.0	0.0	0.0	0.0	0.0	0.0	0.0

TABLE VIII

Correction additive à faire à la hauteur observée du bord infér. du Soleil pour obtenir la hauteur vraie du centre

Hautr	Elévation de l'œil en mètres							
	2m9	3m6	4m2	4m9	5m5	6m2	6m8	7m5
"	'	'	'	'	'	'	'	'
5	3.2	2.9	2.6	2.3	2.1	1.8	1.6	1.4
6	4.6	4.3	4.0	3.7	3.5	3.2	3.0	2.8
7	5.7	5.4	5.1	4.8	4.6	4.3	4.1	3.9
8	6.5	6.2	5.9	5.7	5.4	5.2	4.9	4.7
9	7.2	6.9	6.6	6.4	6.1	5.9	5.6	5.4
10	7.8	7.5	7.2	6.9	6.6	6.4	6.2	6.0
11	8.2	7.9	7.6	7.4	7.1	6.9	6.6	6.4
12	8.6	8.3	8.0	7.8	7.5	7.3	7.0	6.8
13	8.9	8.6	8 3	8.1	7.8	7.6	7.3	7.1
14	9.2	8.9	8.6	8.4	8.1	7.9	7.6	7.4
16	9 7	9.4	9.1	8.9	8.6	8.4	8.1	7.9
18	10.1	9.8	9.5	9.3	9.0	8.8	8.5	8.3
20	10.4	10.1	9.8	9.6	9.3	9.1	8.8	8.6
22	10 7	10 4	10.1	9.9	9.6	9.4	9.1	8.9
24	10.9	10.6	10.3	10.1	9.8	9.6	9.3	9.1
28	11 3	11.0	10.7	10.4	10.1	9.9	9.7	9.5
32	11.5	11.2	10.9	10.6	10 3	10.1	9.9	9.7
36	11.8	11.5	11.2	10.9	10 6	10.4	10.2	10.0
40	12.0	11.7	11.4	11.1	10.8	10.6	10 4	10.2
45	12.1	11.8	11.5	11.2	10.9	10.7	10.5	10.3
50	12.2	11.9	11.6	11.4	11.1	10.9	10.6	10.4
55	12.4	12.1	11.8	11.6	11.3	11 1	10.8	10.6
65	12.6	12.3	12.0	11.8	11.5	11.3	11.0	10.8
75	12.7	12.4	12.1	11.9	11.6	11.4	11.1	10.9
85	12.9	12.6	12.3	12.0	11.8	11.5	11.3	11.1

TABLE IX

Pour corriger promptement quelques éléments de la Connaiss^ce des Temps

Heure après ou av^t midi	Changement Diurne															Long. du Lieu
	10	20	30	40	50	60	1	2	3	4	5	6	7	8	9	
h m																°
0 24	0.2	0.3	0.5	0.7	0.8	1.0	0.0	0.0	0.0	0.1	0.1	0.1	0.1	0.1	0.1	6
48	0.3	0.7	1.0	1.3	1.7	2.0	0.0	0.1	0.1	0.1	0.2	0.2	0.2	0.3	0.3	12
1 12	0.5	1.0	1.5	2.0	2.5	3.0	0.1	0 1	0.1	0.2	0.2	0.3	0.3	0.4	0.4	18
36	0.7	1.3	2.0	2.7	3.3	4.0	0.1	0.1	0.2	0.3	0.3	0.4	0.5	0.5	0.6	24
2 00	0.8	1.7	2.5	3.3	4.2	5.0	0.1	0.2	0.2	0.3	0.4	0.5	0.6	0.7	0.7	30
24	1.0	2.0	3.0	4.0	5.0	6.0	0.1	0.2	0.3	0.4	0.5	0.6	0.7	0.8	0.9	36
48	1.2	2.3	3.5	4.7	5.8	7.0	0.1	0.2	0.3	0.5	0.6	0.7	0.8	0.9	1.0	42
3 12	1.3	2.7	4.0	5.3	6.7	8.0	0.1	0.3	0.4	0.5	0.7	0.8	0.9	1.1	1.2	48
36	1.5	3.0	4.5	6.0	7.5	9.0	0.2	0.3	0.4	0.6	0.7	0.9	1.1	1.2	1.3	54
4 00	1.7	3.3	5.0	6.7	8.3	10.0	0.2	0.3	0.5	0.7	0.8	1.0	1.2	1.3	1.5	60
24	1.8	3.7	5.5	7.3	9.2	11.0	0.2	0.4	0.5	0.7	0.9	1.1	1.3	1.5	1.6	66
48	2.0	4.0	6.0	8.0	10.0	12.0	0.2	0.4	0.6	0.8	1.0	1.2	1.4	1.6	1.8	72
5 12	2.2	4.3	6.5	8.7	10.8	13.0	0.2	0.4	0.6	0.9	1.1	1.3	1.5	1.7	1.9	78
36	2.3	4.7	7.0	9 3	11.7	14.0	0.2	0.5	0.7	0.9	1.2	1.4	1.6	1.9	2.1	84
6 00	2.5	5.0	7.5	10.0	12.5	15.0	0.3	0.5	0.7	1.0	1.2	1.5	1.8	2.0	2.2	90
24	2.7	5.3	8.0	10.7	13.3	16.0	0.3	0.5	0.8	1.1	1.3	1.6	1.9	2.1	2 4	96
48	2.8	5.7	8.5	11.3	14.2	17.0	0.3	0.6	0.8	1.1	1.4	1.7	2.0	2.3	2.5	102
7 12	3.0	6.0	9.0	12.0	15.0	18.0	0.3	0.6	0.9	1.2	1.5	1.8	2.1	2.4	2.7	108
36	3.2	6.3	9.5	12.7	15.8	19.0	0.3	0.6	0.9	1.3	1.6	1.9	2.2	2.5	2.8	114
8 00	3.3	6.7	10.0	13.3	16.7	20.0	0.3	0.7	1.0	1.3	1.7	2.0	2.3	2.7	3.0	120
24	3.5	7.0	10.5	14.0	17.5	21.0	0 4	0.7	1.0	1.4	1.7	2.1	2.5	2.8	3.1	126
48	3.7	7.3	11.0	14.7	18.3	22.0	0.4	0.7	1.1	1.5	1.8	2.2	2.6	2.9	3.3	132
9 12	3.8	7.7	11.5	15.3	19.2	23.0	0.4	0.8	1.1	1.5	1.9	2.3	2.7	3.1	3.4	138
35	4.0	8.0	12.0	16.0	20.0	24.0	0.4	0.8	1.2	1.6	2.0	2.4	2.8	3.2	3.6	144
10 00	4.2	8.3	12.5	16.7	20.8	25.0	0.4	0.8	1.2	1.7	2.1	2.5	2.9	3.3	3.7	150
24	4.3	8.7	13.0	17.3	21.7	26.0	0.4	0.9	1.3	1.7	2.2	2.6	3.0	3.5	3.9	156
48	4.5	9.0	13.5	18.0	22.5	27.0	0.5	0.9	1.3	1.8	2.2	2.7	3.2	3.6	4.0	162
11 12	4.7	9.3	14.0	18.7	23.3	28.0	0.5	0.9	1.4	1.9	2.3	2.8	3.3	3.7	4.2	168
36	4.8	9.7	14.5	19.3	24.2	29.0	0.5	1.0	1.4	1.9	2.4	2.9	3.4	3.9	4.3	174
12 00	5.0	10.0	15.0	20.0	25.0	30.0	0.5	1.0	1.5	2.0	2.5	3.0	3.5	4.0	4.5	180
24	5.2	10.3	15.5	20.7	25.8	31.0	0.5	1.0	1.5	2.1	2.6	3.1	3 6	4.1	4.6	174
48	5.3	10.7	16.0	21.3	26.7	32.0	0.5	1.1	1.6	2.1	2.7	3.2	3.7	4.3	4.8	168
13 12	5.5	11.0	16.5	22.0	27.5	33.0	0.6	1.1	1.6	2.2	2.7	3.3	3.9	4.4	4.9	162
36	5.7	11.3	17.0	22.7	28.3	34.0	0.6	1.1	1.7	2.3	2.8	3.4	4.0	4.5	5.1	156
14 00	5.8	11.7	17.5	23.3	29.2	35.0	0.6	1.2	1.7	2.3	2.9	3.5	4.1	4.7	5.2	150
24	6.0	12.0	18.0	24.0	30.0	36.0	0.6	1.2	1.8	2.4	3.0	3.6	4.2	4.8	5.4	144
48	6.2	12.3	18.5	24.7	30.8	37.0	0.6	1.2	1.8	2.5	3.1	3.7	4.3	4.9	5.5	138
15 12	6.3	12.7	19 0	25.3	31.7	38.0	0 6	1.3	1.9	2.5	3.2	3.8	4.4	5.1	5.7	132
36	6.5	13.0	19.5	26.5	32.5	39.0	0.7	1.3	1.9	2.6	3.2	3.9	4.6	5.2	5.8	126
16 00	6.7	13.3	20.0	26.7	33.3	40.0	0.7	1.3	2.0	2.7	3.3	4.0	4.7	5.3	6.0	120
24	6.8	13.7	20.5	27.3	34.2	41.0	0.7	1.4	2.0	2.7	3.4	4.1	4.8	5.5	6.1	114
48	7.0	14.0	21.0	28.0	35.0	42.0	0.7	1.4	2.1	2.8	3.5	4.2	4.9	5 6	6.3	108
17 12	7.2	14.3	21.5	28.7	35.8	43.0	0.7	1.4	2.1	2.9	3.6	4.3	5.0	5.7	6.4	102
36	7.3	14.7	22.0	29.3	36.7	44.0	0.7	1.5	2.2	2.9	3.7	4.4	5.1	5.9	6.6	96
18 00	7.5	15.0	22.5	30.0	37.5	45.0	0.8	1.5	2.2	3.0	3.7	4.5	5.3	6.0	6.7	90
24	7.7	15.3	23.0	30.7	38.3	46.0	0.8	1.5	2.3	3.1	3.8	4.6	5.4	6.1	6.9	84
48	7.8	15.7	23.5	31.3	39.2	47.0	0.8	1.6	2.3	3.1	3.9	4.7	5.5	6.3	7.0	78
19 12	8.0	16.0	24.0	32.0	40.0	48.0	0.8	1.6	2.4	3 2	4.0	4.8	5.6	6.4	7.2	72
36	8.2	16.3	24.5	32.7	40.8	49.0	0.8	1.6	2.4	3.3	4.1	4.9	5.7	6.5	7.3	66
20 00	8.3	16.7	25.0	33.3	41.7	50.0	0.8	1.6	2.5	3.3	4.2	5.0	5.8	6.7	7.5	60
24	8.5	17.0	25.5	34.0	42.5	51.0	0.9	1.7	2 5	3.4	4 2	5.1	6.0	6.8	7.6	54
48	8.7	17.3	26.0	34.7	43.3	52.0	0.9	1.7	2.6	3.5	4.3	5 2	6.1	6.9	7.8	48
21 12	8.9	17.6	26.5	35.4	44.1	53.0	0.9	1.7	2.6	3.5	4.4	5.3	6.2	7.0	7.9	42
36	9.0	18.0	27.0	36.0	45.0	54.0	0.9	1.8	2.7	3.6	4.5	5.4	6.3	7.2	8.1	36
22 00	9.2	18.3	27.5	36.7	45.8	55.0	0.9	1.8	2.7	3.7	4.6	5.5	6.4	7.3	8.2	30
24	9.4	18.6	28.0	37.4	46.6	56.0	0.9	1.8	2.8	3.8	4.6	5.6	6.5	7.4	8.4	24
48	9 5	19.0	28.5	38.0	47.5	57.0	1.0	1.9	2 8	3.8	4.7	5.7	6.7	7.6	8.5	16
23 12	9.7	19.3	29.0	38.7	48.3	58.0	1.0	1.9	2.9	3.9	4.8	5.8	6.8	7 7	8.7	12
36	9.9	19.6	29.5	39.4	49.1	59.0	1.0	1.9	2.9	4.0	4.9	5.9	6.9	7.8	8.8	6

Longitudes Occidentales — **Longitudes Orientales**

TABLE X

Diminution de la parallaxe équatoriale

Latit.	53'	55'	57'	59'	61'
°	"	"	"	"	"
3	0.0	0.0	0.0	0.0	0.0
6	0.1	0.1	0.1	0 1	0.1
9	0.3	0.3	0.3	0.3	0.3
12	0 5	0.5	0.5	0.5	0.5
15	0.7	0.7	0.8	0.8	0.8
18	1.0	1.1	1.1	1.1	1.2
21	1.4	1.4	1.5	1.5	1.6
24	1.7	1.8	1.9	2.0	2.0
27	2.2	2.3	2.4	2.5	2.5
30	2.6	2.7	2.8	2.9	3.0
33	3.2	3.3	3.4	3.4	3.6
36	3.6	3.8	3.9	4.1	4.2
39	4.2	4.3	4.5	4.7	4.8
42	4.8	5.0	5.0	5.3	5.5
45	5.3	5.5	5.7	5.9	6.1
48	5.9	6.1	6.3	6.5	6.8
51	6.4	6.6	6.9	7.1	7.4
54	7.0	7.2	7.5	7.7	8.0
57	7.5	7.7	8.1	8.3	8.6
60	8.0	8.2	8.6	8.8	9.2
63	8.4	8.7	9 1	9.4	9.7
66	8.9	9.1	9.5	9.9	10.1
69	9.2	9.6	9.9	10.3	10.6
72	9.6	10.0	10.3	10.7	11.1

TABLE XI

Augm^on du demi-diam. horiz^l de la Lune

H^t	14'30"	15'30"	17'00"
°	"	"	"
3	0.7	0 8	1.0
6	1.4	1 6	1.9
9	2 1	2.4	2.9
12	2.8	3.2	3.9
15	3.5	4.0	4.8
18	4.2	4.8	5.7
21	4.8	5.5	6.6
24	5.5	6.3	7.5
27	6.1	7.0	8.4
30	6.7	7.7	9.3
33	7.3	8.4	10.0
36	7.9	9.1	10 9
39	8.4	9.7	11.6
42	9.0	10.3	12.4
45	9.5	10.9	13.1
48	10.0	11.5	13.8
51	10.5	12.0	14.5
54	10.9	12.5	15.1
57	11.3	13.0	15.6
60	11.7	13.4	16.1
63	12 1	13.8	16.5
66	12.4	14.1	17.0
69	12.7	14.4	17.4
72	12.9	14.7	17.7
75	13.1	15.0	18.0
78	13.2	15.1	18.2
82	13.4	15.3	18.4
84	13.5	15.4	18.5
87	13.5	15.5	18.6
90	13.5	15.5	18.6

TABLE XII

Accourcis-sement

Haut^r	Acc.
° '	"
4 0	35.6
20	31.9
40	28.7
5 0	25.9
30	22.4
6 0	19.5
30	17.1
7 0	15.2
30	13.5
8	12.1
9	9.9
10	8.2
11	6.9
12	5.9
13	5.1
14	4.4
15	3.9
16	3.4
18	2.8
20	2.3
25	1.5
30	1.1
40	0.[illegible]
55	0.4
80	0.3

TABLE XIII

Parallaxe ☾ moins Réfraction

Haut^r appar.	54′	55′	56′	57′	58′	59′	60′	61′	Parties proport pour 1″ de parall.	Parties proport pour 1′ de hauteur
°	′ ″	′ ″	′ ″	′ ″	′ ″	′ ″	′ ″	′ ″	add ″	add ″
2	35 23	36 23	37 23	38 23	39 23	40 23	41 23	42 23		3.92
3	39 28	40 28	41 28	42 28	43 28	44 28	45 28	46 28	1 00	2 61
4	42 05	43 04	44 04	45 04	49 04	47 04	48 04	49 04		1.82
5	43 54	44 54	45 54	46 54	47 53	48 53	49 53	50 53		1.32
6	45 13	46 13	47 13	48 12	49 12	50 12	51 12	52 11		1.00
7	46 12	47 11	48 11	49 11	50 10	51 10	52 09	53 09		0.70
8	46 55	47 54	48 54	49 53	50 53	51 52	52 51	53 51	1 00	0.52
9	47 27	48 27	49 26	50 25	51 24	52 24	53 23	54 22		0 41
10	47 52	48 51	49 50	40 49	51 48	52 47	53 46	54 46		0.27
11	48 10	49 09	50 07	51 06	52 05	53 04	54 03	55 02	0 99	0.19
12	48 22	49 21	50 19	51 18	52 17	53 15	54 14	55 13	0 98	0 12
13	48 30	49 29	50 27	51 26	52 24	53 23	54 21	55 20	0 97	0.06
14	48 35	49 33	50 31	51 30	52 28	53 26	54 24	55 22	0 96	0.01
15	48 36	49 34	50 32	51 50	52 28	53 26	54 24	55 22	0 96	Soust.
16	48 35	49 32	50 30	51 28	52 26	53 23	54 21	55 19	0 96	0.10
17	48 31	49 28	50 26	51 23	52 20	53 18	54 15	55 13	0 96	0.15
18	48 25	49 22	50 19	51 16	52 13	53 10	54 07	55 04	0 95	0 17
19	48 17	49 13	50 10	51 07	52 04	53 00	53 57	54 54	0 95	0.21
20	48 07	49 03	49 59	50 56	51 52	52 49	53 45	54 41	0 94	0.21
21	47 55	48 51	49 47	50 43	51 39	52 35	53 31	54 27	0 93	0.24
22	47 42	48 37	49 33	50 29	51 24	52 20	53 16	54 11	0 92	0.26
23	47 27	48 22	49 17	50 12	51 08	52 03	52 58	53 53	0 92	0.29
24	47 11	48 05	49 00	49 55	50 50	51 45	52 39	53 34	0 91	0.31
25	46 53	47 47	48 42	49 36	50 31	51 25	52 19	53 14	0 91	0.34
26	46 34	47 28	48 22	49 16	50 10	51 04	51 58	52 52	0 90	0.37
27	46 14	47 07	48 01	48 54	49 48	50 41	51 35	52 28	0 89	0.39
28	45 54	46 45	47 38	48 31	49 24	50 17	51 10	52 03	0 87	0 40
29	45 30	46 22	47 15	48 07	49 00	49 52	50 45	51 37	0 87	0.42
30	45 06	45 58	46 50	47 42	48 34	49 26	50 18	51 10	0 86	0.43
31	44 41	45 33	46 24	47 16	48 07	48 58	49 50	50 41	0 85	0 46
32	44 15	45 06	45 57	46 48	47 39	48 30	49 21	50 12	0 85	0 48
33	43 48	44 39	45 29	46 19	47 10	48 00	48 50	49 41	0 84	0.49
34	43 21	44 10	45 00	45 50	46 40	47 29	48 19	49 09	0 83	0 51
35	42 52	43 41	44 30	45 19	46 08	46 57	47 47	48 36	0 82	0.53
36	42 22	43 10	43 59	44 48	45 36	46 25	47 13	48 02	0 81	0 55
37	41 51	42 39	43 27	44 15	45 03	45 51	46 39	47 27	0 80	0 57
38	41 19	42 07	42 54	43 41	44 29	45 16	46 03	46 54	0 79	0.58
39	40 47	41 33	42 20	43 07	43 53	44 40	45 27	46 13	0 77	0.60
40	40 13	40 59	41 45	42 31	43 17	44 03	44 49	45 35	0 76	0.61
41	39 39	40 24	41 10	41 55	42 40	43 25	44 11	44 56	0 75	0.62
42	39 04	39 48	40 33	41 18	42 02	42 47	43 31	44 16	0 74	0.64
43	38 28	39 12	39 56	40 40	41 23	42 07	42 51	43 35	0 73	0.65
44	37 51	38 34	39 17	40 01	40 44	41 27	42 10	42 53	0 72	0 66
45	37 13	37 56	38 38	39 21	40 03	40 46	41 28	42 11	0 71	0 68

TABLE XIII

(Suite)

Haut^r appar.	54′	55′	56′	57′	58′	59′	60′	61′	Parties proport pour 1″ de parall.	Parties proport pour 1′ de hauteur
°	′ ″	′ ″	′ ″	′ ″	′ ″	′ ″	′ ″	′ ″	add ″	Soust. ″
46	36 35	37 17	37 59	38 40	39 22	40 04	40 45	41 27	0.69	0.69
47	35 56	36 37	37 18	37 59	38 40	39 21	40 02	40 43	0.68	0.71
48	35 16	35 56	36 36	37 17	37 57	38 37	39 17	39 57	0.66	0.71
49	34 36	35 15	35 54	36 34	37 13	37 52	38 32	39 11	0.65	0.74
50	33 54	34 33	35 11	35 50	36 29	37 07	37 46	38 24	0.64	0.74
51	33 12	33 50	34 28	35 06	35 43	36 21	36 59	37 37	0.63	0.76
52	32 30	33 07	33 44	34 21	34 58	35 35	36 11	36 48	0.61	0.77
53	31 47	32 23	32 59	33 35	34 11	34 47	35 23	35 59	0.60	0.77
54	31 03	31 38	32 13	32 48	33 24	33 59	34 34	35 10	0.59	0.80
55	30 18	30 53	31 27	32 01	32 36	33 10	33 45	34 19	0.57	0.80
56	29 33	30 07	30 40	31 14	31 47	32 21	32 54	33 28	0.55	0.81
57	28 47	29 20	29 53	30 25	30 58	31 31	32 03	32 36	0.53	0.81
58	28 01	28 33	29 05	29 36	30 08	30 40	31 12	31 44	0.51	0.83
59	27 14	27 45	28 16	28 47	29 18	29 49	30 20	30 51	0.50	0.83
60	26 27	26 57	27 27	27 57	28 27	28 57	29 27	29 57	0.48	0.85
61	25 39	26 08	26 37	27 06	27 35	28 04	28 34	29 03	0.47	0.85
62	24 51	25 19	25 47	26 15	26 43	27 11	27 40	28 08	0.45	0.87
63	24 02	24 29	24 56	25 23	25 51	26 18	26 45	27 12	0.43	0 88
64	23 12	23 39	24 05	24 31	24 58	25 24	25 50	26 16	0.42	0.88
65	22 22	22 48	23 13	23 39	24 04	24 29	24 55	25 20	0.40	0.89
66	21 32	21 57	22 21	22 46	23 10	23 34	23 59	24 23	0.38	0 89
67	20 42	21 05	21 29	21 52	22 15	22 39	23 02	23 26	0.87	0.91
68	19 51	20 13	20 36	20 58	21 21	21 43	22 05	22 28	0 36	0.91
69	18 59	19 21	19 42	20 04	20 25	20 47	21 08	21 30	0.35	0.92
70	18 07	18 28	18 48	19 09	19 29	19 50	20 10	20 31	0 33	
71	17 15	17 35	17 54	18 14	18 33	18 53	19 12	19 32	0 32	
72	16 23	16 41	17 00	17 18	17 37	17 55	18 14	18 32	0 30	0.92
73	15 30	15 47	16 05	16 22	16 40	16 57	17 15	17 33	0 28	
74	14 37	14 53	15 10	15 26	15 43	15 59	16 16	16 32	0 27	
75	13 43	13 59	14 14	14 30	14 45	15 01	15 16	15 32	0.25	
76	12 50	13 04	13 19	13 33	13 48	14 02	14 17	14 31	0 23	
77	11 56	12 09	12 23	12 36	12 50	13 03	13 17	13 30	0.22	0.95
78	11 01	11 14	11 26	11 39	11 51	12 04	12 16	12 29	0.20	
79	10 07	10 19	10 30	10 41	10 53	11 04	11 16	11 27	0.18	
80	9 12	9 23	9 33	9 44	9 54	10 05	10 15	10 25	0.17	
81	8 18	8 27	8 37	8 46	8 55	9 05	9 14	9 24	0.15	
82	7 23	7 31	7 40	7 48	7 56	8 05	8 13	8 21	0.13	0.97
83	6 28	6 35	6 42	6 50	6 57	7 04	7 12	7 19	0 12	
84	5 33	5 39	5 45	5 51	5 58	6 04	6 10	6 17	0.10	
85	4 37	4 43	4 48	4 53	4 58	5 04	5 09	5 14	0.08	
86	3 42	3 46	3 50	3 55	3 59	4 03	4 07	4 11	0.07	
87	2 47	2 50	2 53	2 56	2 59	3 02	3 05	3 08	0.05	0.98
88	1 51	1 53	1 55	1 57	1 59	2 02	2 04	2 06	0.03	
89	0 56	0 57	0 58	0 59	1 00	1 01	1 02	1 03	0.02	

Remarque — Les parties proportionnelles pour les minutes de hauteur sont *additives* pour les hauteurs moindres que 15°, et *soustractives* pour toutes les hauteurs comprises entre 15° et 90°.

Exemple : La parallaxe horizontale de la Lune étant 58′ 17″ 3, et la hauteur apparente de 5° 44′ 36″, on demande la parallaxe moins la réfraction.

Pour 58′ de parall. horiz... et 5° de haut	47′ 53″	
pour 17″3 de parallaxe..... +	17″3	Cette partie prop. s'obtient en multipliant par 17″3 le nombre 1″0 qui se trouve dans l'avant-dernière colonne à droite en regard de 5°.
pour 44′6 de hauteur...... +	58 9	Cette partie prop. s'obtient en multipliant par 44′6 le nombre 1″32 qui se trouve dans la dernière colonne à droite, en regard de 5°.
Parallaxe — réfraction......	49 09 2	

TABLE XIV

Différence ascensionnelle

Déclinaison

Latit.	1°	2°	3°	4°	5°	6°	7°	8°	9°	10°
°	h m	h m	h m	h m	h m	h m	h m	h m	h m	h m
1	0 0	0 0	0 0	0 0	0 0	0 0	0 0	0 1	0 1	0 1
2	0 0	0 0	0 0	0 1	0 1	0 1	0 1	0 1	0 1	0 1
3	0 0	0 0	0 1	0 1	0 1	0 1	0 1	0 2	0 2	0 2
4	0 0	0 1	0 1	0 1	0 1	0 2	0 2	0 2	0 3	0 3
5	0 0	0 1	0 1	0 1	0 2	0 2	0 2	0 3	0 3	0 4
6	0 0	0 1	0 1	0 2	0 2	0 3	0 3	0 3	0 4	0 4
7	0 0	0 1	0 1	0 2	0 2	0 3	0 3	0 4	0 4	0 5
8	0 1	0 1	0 2	0 2	0 3	0 3	0 4	0 5	0 5	0 6
9	0 1	0 1	0 2	0 3	0 3	0 4	0 4	0 5	0 6	0 6
10	0 1	0 1	0 2	0 3	0 4	0 4	0 5	0 6	0 6	0 7
11	0 1	0 2	0 2	0 3	0 4	0 5	0 5	0 6	0 7	0 8
12	0 1	0 2	0 3	0 3	0 4	0 5	0 6	0 7	0 8	0 9
13	0 1	0 2	0 3	0 4	0 5	0 6	0 6	0 7	0 8	0 9
14	0 1	0 2	0 3	0 4	0 5	0 6	0 7	0 8	0 9	0 10
15	0 1	0 2	0 3	0 4	0 5	0 6	0 8	0 9	0 10	0 11
16	0 1	0 2	0 3	0 5	0 6	0 7	0 8	0 9	0 10	0 12
17	0 1	0 2	0 4	0 5	0 6	0 7	0 9	0 10	0 11	0 12
18	0 1	0 3	0 4	0 5	0 7	0 8	0 9	0 10	0 12	0 13
19	0 1	0 3	0 4	0 6	0 7	0 8	0 10	0 11	0 12	0 14
20	0 1	0 3	0 4	0 6	0 7	0 9	0 10	0 12	0 13	0 15
21	0 2	0 3	0 5	0 6	0 8	0 9	0 11	0 12	0 14	0 16
22	0 2	0 3	0 5	0 6	0 8	0 10	0 11	0 13	0 15	0 16
23	0 2	0 3	0 5	0 7	0 9	0 10	0 12	0 14	0 15	0 17
24	0 2	0 4	0 5	0 7	0 9	0 11	0 13	0 14	0 16	0 18
25	0 2	0 4	0 6	0 7	0 9	0 11	0 13	0 15	0 17	0 19
26	0 2	0 4	0 6	0 8	0 10	0 12	0 14	0 16	0 18	0 20
27	0 2	0 4	0 6	0 8	0 10	0 12	0 14	0 16	0 19	0 21
28	0 2	0 4	0 6	0 9	0 11	0 13	0 15	0 17	0 19	0 22
29	0 2	0 4	0 7	0 9	0 11	0 13	0 16	0 18	0 20	0 22
30	0 2	0 5	0 7	0 9	0 12	0 14	0 16	0 19	0 21	0 23
31	0 2	0 5	0 7	0 10	0 12	0 14	0 17	0 19	0 22	0 24
32	0 2	0 5	0 7	0 10	0 13	0 15	0 18	0 20	0 23	0 25
33	0 3	0 5	0 8	0 10	0 13	0 16	0 18	0 21	0 24	0 26
34	0 3	0 5	0 8	0 11	0 14	0 16	0 19	0 22	0 25	0 27
35	0 3	0 6	0 8	0 11	0 14	0 17	0 20	0 23	0 25	0 28
36	0 3	0 6	0 9	0 12	0 15	0 18	0 20	0 23	0 26	0 29
37	0 3	0 6	0 9	0 12	0 15	0 18	0 21	0 24	0 27	0 31
38	0 3	0 6	0 9	0 13	0 16	0 19	0 22	0 25	0 28	0 32
39	0 3	0 6	0 10	0 13	0 16	0 20	0 23	0 26	0 29	0 33
40	0 3	0 7	0 10	0 13	0 17	0 20	0 24	0 27	0 31	0 34
41	0 3	0 7	0 10	0 14	0 17	0 21	0 25	0 28	0 32	0 35
42	0 4	0 7	0 11	0 14	0 18	0 22	0 25	0 29	0 33	0 37
43	0 4	0 7	0 11	0 15	0 19	0 22	0 26	0 30	0 34	0 38
44	0 4	0 8	0 12	0 15	0 19	0 23	0 27	0 31	0 35	0 39
45	0 4	0 8	0 12	0 16	0 20	0 24	0 28	0 32	0 36	0 41
46	0 4	0 8	0 12	0 17	0 21	0 25	0 29	0 33	0 38	0 42
47	0 4	0 9	0 13	0 17	0 22	0 26	0 30	0 35	0 39	0 44
48	0 4	0 9	0 13	0 18	0 22	0 27	0 31	0 36	0 41	0 45
49	0 5	0 9	0 14	0 18	0 23	0 28	0 32	0 37	0 42	0 47
50	0 5	0 10	0 14	0 19	0 24	0 29	0 34	0 39	0 44	0 49
51	0 5	0 10	0 15	0 20	0 25	0 30	0 35	0 40	0 45	0 50
52	0 5	0 10	0 15	0 21	0 26	0 31	0 36	0 41	0 47	0 52
53	0 5	0 11	0 16	0 21	0 27	0 32	0 38	0 43	0 49	0 54
54	0 5	0 11	0 16	0 22	0 28	0 33	0 39	0 45	0 50	0 56
55	0 6	0 11	0 17	0 23	0 29	0 35	0 40	0 46	0 52	0 58
56	0 6	0 12	0 18	0 24	0 30	0 36	0 42	0 48	0 54	1 1
57	0 6	0 12	0 19	0 25	0 31	0 37	0 44	0 50	0 56	1 3
58	0 6	0 13	0 19	0 26	0 32	0 39	0 45	0 52	0 59	1 6
59	0 7	0 13	0 20	0 27	0 33	0 40	0 47	0 54	1 1	1 8
60	0 7	0 14	0 21	0 28	0 35	0 42	0 49	0 56	1 4	1 11

Latit.	11°	12	13°	14°	16°	18°	20°	22°	24°	26°	28
°	h m	h m	h m	h m	h m	h m	h m	h m	h m	h m	h m
1	0 1	0 1	0 1	0 1	0 1	0 1	0 1	0 2	0 2	0 2	0 2
2	0 2	0 2	0 2	0 2	0 2	0 3	0 3	0 3	0 4	0 4	0 4
3	0 2	0 3	0 3	0 3	0 3	0 4	0 4	0 5	0 5	0 6	0 6
4	0 3	0 3	0 4	0 4	0 5	0 5	0 6	0 6	0 7	0 8	0 9
5	0 4	0 4	0 5	0 5	0 6	0 7	0 7	0 8	0 9	0 10	0 11
6	0 5	0 5	0 6	0 6	0 7	0 8	0 9	0 10	0 11	0 12	0 13
7	0 5	0 6	0 6	0 7	0 8	0 9	0 10	0 11	0 13	0 14	0 15
8	0 6	0 7	0 7	0 8	0 9	0 10	0 12	0 13	0 94	0 16	0 17
9	0 6	0 8	0 8	0 9	0 10	0 12	0 13	0 15	0 16	0 18	0 19
10	0 8	0 9	0 9	0 10	0 12	0 13	0 15	0 16	0 18	0 20	0 21
11	0 9	0 9	0 10	0 11	0 13	0 14	0 16	0 18	0 20	0 22	0 24
12	0 9	0 10	0 11	0 12	0 14	0 16	0 18	0 20	0 22	0 24	0 26
13	0 10	0 11	0 12	0 13	0 15	0 17	0 19	0 21	0 24	0 26	0 28
14	0 11	0 12	0 13	0 14	0 16	0 19	0 21	0 23	0 25	0 28	0 30
15	0 12	0 13	0 14	0 15	0 18	0 20	0 22	0 25	0 27	0 30	0 33
16	0 13	0 14	0 15	0 16	0 19	0 21	0 24	0 27	0 29	0 32	0 35
17	0 14	0 15	0 16	0 17	0 20	0 23	0 26	0 28	0 31	0 34	0 37
18	0 14	0 16	0 17	0 19	0 21	0 24	0 27	0 30	0 33	0 36	0 40
19	0 15	0 17	0 18	0 20	0 23	0 26	0 29	0 31	0 35	0 39	0 42
20	0 16	6 18	0 19	0 21	0 24	0 27	0 30	0 34	0 37	0 41	0 45
21	0 17	0 19	0 20	0 22	0 25	0 29	0 32	0 36	0 39	0 43	0 47
22	0 18	0 20	0 21	0 23	0 27	0 30	0 34	0 38	0 41	0 45	0 50
23	0 19	0 21	0 22	0 24	0 28	0 32	0 36	0 39	0 44	0 48	0 52
24	0 20	0 22	0 24	0 26	0 29	0 33	0 37	0 41	0 46	0 50	0 55
25	0 21	0 23	0 25	0 27	0 31	0 35	0 39	0 43	0 48	0 53	0 57
26	0 22	0 24	0 26	0 28	0 32	0 36	0 41	0 45	0 50	0 55	1 0
27	0 23	0 25	0 27	0 29	0 34	0 38	0 43	0 48	0 52	0 58	1 3
28	0 24	0 26	0 28	0 30	0 35	0 40	0 45	0 50	0 55	1 0	1 6
29	0 25	0 27	0 29	0 32	0 37	0 42	0 47	0 52	0 57	1 3	1 9
30	0 26	0 28	0 31	0 33	0 38	0 43	0 49	0 54	1 0	1 5	1 11
31	0 27	0 29	0 32	0 34	0 40	0 45	0 51	0 56	1 2	1 8	1 14
32	0 28	0 31	0 33	0 36	0 41	0 47	0 53	0 58	1 5	1 11	1 18
33	0 29	0 32	0 34	0 37	0 43	0 49	0 55	1 1	1 7	1 14	1 21
34	0 30	0 33	0 36	0 39	0 45	0 51	0 57	1 3	1 10	1 17	1 24
35	0 31	0 34	0 37	0 40	0 46	0 53	0 59	1 6	1 13	1 20	1 27
36	0 32	0 36	0 39	0 42	0 48	0 55	1 1	1 8	1 16	1 23	1 31
37	0 34	0 37	0 40	0 43	0 50	0 57	1 4	1 11	1 18	1 26	1 34
38	0 35	0 38	0 42	0 45	0 52	0 59	1 6	1 14	1 21	1 30	1 38
39	0 37	0 40	0 43	0 47	0 54	0 1	1 9	1 16	1 25	1 33	1 42
40	0 38	0 41	0 45	0 48	0 56	1 3	1 11	1 19	1 28	1 37	1 46
41	0 39	0 43	0 46	0 50	0 58	1 6	1 14	1 22	1 31	1 40	1 50
42	0 40	0 44	0 48	0 52	1 0	1 8	1 17	1 25	1 35	1 44	1 55
43	0 42	0 46	0 50	0 54	1 2	1 11	1 19	1 29	1 38	1 48	1 59
44	0 43	0 47	0 52	0 56	1 4	1 13	1 22	1 32	1 42	1 52	2 4
45	0 45	0 49	0 53	0 58	1 7	1 16	1 25	1 35	2 46	1 57	2 8
46	0 46	0 51	0 55	1 0	1 9	1 19	1 29	1 39	1 50	2 1	2 14
47	0 48	0 53	0 57	1 2	1 12	1 22	1 32	1 43	1 54	2 6	2 19
48	0 50	0 55	0 59	1 4	1 14	1 25	1 35	1 47	1 59	2 11	2 25
49	0 52	0 57	1 2	1 7	1 17	1 28	1 39	1 51	2 3	2 17	2 31
50	0 54	0 59	1 4	1 9	1 20	1 31	1 43	1 55	2 8	2 22	2 37
51	0 56	1 1	1 6	1 12	1 23	1 35	1 47	2 0	2 13	2 28	2 44
52	0 58	1 3	1 9	1 14	1 26	1 38	1 51	2 5	2 19	2 35	2 52
53	1 0	1 6	1 11	1 17	1 29	1 42	1 56	2 10	2 25	2 41	3 0
54	1 2	1 8	1 14	1 20	1 33	1 46	2 0	2 15	2 31	2 49	3 8
55	1 4	1 11	1 17	1 23	1 37	1 51	2 5	2 21	2 38	2 57	3 18
56	1 7	1 13	1 20	1 27	1 41	1 55	2 11	2 27	2 45	3 6	3 28
57	1 10	1 16	1 23	1 30	1 45	2 0	2 16	2 34	2 53	3 15	3 40
58	1 12	1 19	1 27	1 34	1 49	2 5	2 22	2 41	3 2	3 25	3 53
59	1 16	1 23	1 30	1 38	1 54	2 11	2 29	2 49	3 11	3 37	4 9
60	1 19	1 26	1 34	1 42	1 59	2 17	2 36	2 58	3 22	3 51	4 28

TABLE XV

Angle horaire d'un Astre au moment le plus favorable pour déterminer l'heure

Déclinaison de même nom que la Latitude

Latit.	0°		2°		4°		6°		8°		10°		12°		14°		16°		18°		20°		22°		24°	
°	h	m	h	m	h	m	h	m	h	m	h	m	h	m	h	m	h	m	h	m	h	m	h	m	h	m
0	6	0	6	0	6	0	6	0	6	0	6	0	6	0	6	0	6	0	6	0	6	0	6	0	6	0
1	6	0	4	0	5	2	5	22	5	31	5	37	5	41	5	44	5	46	5	48	5	49	5	50	5	51
2	6	0	0	0	4	0	4	42	5	2	5	14	5	22	5	28	5	32	5	35	5	38	5	40	5	42
3	6	0	3	13	2	46	4	0	4	52	4	51	5	5	5	11	5	18	5	23	5	27	5	30	5	33
4	6	0	4	0	0	0	3	13	4	1	4	27	4	43	4	55	5	4	5	10	5	16	5	20	5	24
5	6	0	4	26	2	28	2	15	3	26	4	01	4	23	4	38	4	49	4	58	5	4	5	10	5	15
6	6	0	4	42	3	13	0	0	2	46	3	34	4	1	4	20	4	34	4	45	4	53	5	0	5	5
7	6	0	4	54	3	41	2	5	1	56	3	3	3	39	4	2	4	19	4	31	4	41	4	49	4	56
8	6	0	5	2	4	01	2	46	0	0	2	29	3	14	3	43	4	3	4	17	4	29	4	39	4	46
9	6	0	5	9	4	15	3	14	1	50	1	44	2	47	3	22	3	46	4	3	4	17	4	28	4	37
10	6	0	5	14	4	27	3	34	2	29	0	0	2	16	3	0	3	28	3	49	4	4	4	16	4	27
11	6	0	5	19	4	36	3	49	2	55	1	40	1	35	2	55	3	9	3	33	3	51	4	5	4	16
12	6	0	5	22	4	43	4	1	3	14	2	16	0	0	2	6	2	49	3	17	3	37	3	55	4	6
13	6	0	5	25	4	49	4	12	3	30	2	41	1	32	1	29	2	26	2	59	3	23	3	41	3	55
14	6	0	5	28	4	55	4	20	3	43	3	0	2	6	0	0	1	38	2	40	3	7	3	28	3	44
15	6	0	5	30	4	59	4	28	3	53	3	15	2	30	1	26	1	23	2	18	2	50	3	14	3	32
16	6	0	5	32	5	4	4	34	4	03	3	28	2	49	1	58	0	0	1	52	2	32	2	59	3	20
17	6	0	5	34	5	7	4	40	4	11	3	39	3	4	2	21	1	21	1	19	2	11	2	43	3	7
18	6	0	5	35	5	10	4	45	4	17	3	49	3	17	2	40	1	52	0	0	1	47	2	26	2	53
19	6	0	5	37	5	13	4	49	4	24	3	57	3	28	2	54	3	14	1	17	1	16	2	6	2	57
20	6	0	5	38	5	16	4	53	4	29	4	4	3	37	3	7	2	32	1	47	0	0	1	43	2	41
21	6	0	5	39	5	18	4	56	4	34	4	11	3	46	3	18	2	47	2	9	1	14	1	13	2	2
22	6	0	5	40	5	20	5	0	4	39	4	16	3	53	3	28	2	59	2	26	1	43	0	0	1	39
23	6	0	5	41	5	22	5	3	4	43	4	22	4	0	3	36	3	10	2	40	2	4	1	11	1	10
24	6	0	5	43	5	24	5	5	4	46	4	27	4	6	3	44	3	20	2	53	2	21	1	39	0	0
25	6	0	5	43	5	26	5	8	4	50	4	31	4	12	3	51	3	28	3	3	2	35	2	0	1	9
26	6	0	5	44	5	27	5	10	4	53	4	35	4	17	3	57	3	36	3	15	2	47	2	16	1	36
27	6	0	5	44	5	28	5	12	4	56	4	39	4	21	4	3	3	43	3	22	3	0	2	30	1	56
28	6	0	5	45	5	30	5	14	4	59	4	43	4	26	4	8	3	49	3	29	3	7	2	42	2	13
29	6	0	5	46	5	31	5	16	5	01	4	46	4	30	4	13	3	55	3	36	3	16	2	53	2	26
30	6	0	5	46	5	32	5	18	5	4	4	49	4	34	4	18	4	1	3	43	3	24	3	2	2	38
31	6	0	5	47	5	33	5	20	5	6	4	52	4	37	4	22	4	6	3	49	3	31	3	11	2	49
32	6	0	5	47	5	34	5	21	5	8	4	54	4	40	4	26	4	11	3	55	3	38	3	19	2	58
33	6	0	5	48	5	35	5	23	5	10	4	57	4	44	4	30	4	15	4	0	3	44	3	26	3	7
34	6	0	5	48	5	36	5	24	5	12	4	59	4	47	4	33	4	19	4	5	3	49	3	33	3	15
35	6	0	5	49	5	37	5	25	5	14	5	2	4	49	4	37	4	23	4	9	3	55	3	39	3	21
36	6	0	5	49	5	38	5	27	5	15	5	4	4	52	4	40	4	27	4	14	4	0	3	45	3	29
37	6	0	5	49	5	39	5	28	5	17	5	6	4	54	4	43	4	31	4	18	4	4	3	50	3	35
38	6	0	5	50	5	39	5	29	5	19	5	8	4	57	4	46	4	34	4	22	4	9	3	55	3	41
39	6	0	5	50	5	40	5	30	5	20	5	10	4	59	4	48	4	37	4	25	4	13	4	0	3	47
40	6	0	5	50	5	41	5	31	5	21	5	11	5	1	4	51	4	40	4	29	4	17	4	5	3	52
41	6	0	5	51	5	42	5	32	5	23	5	13	5	3	4	53	4	43	4	32	4	21	4	9	3	57
42	6	0	5	51	5	42	5	33	5	24	5	15	5	5	4	56	4	46	4	35	4	25	4	13	4	1
43	6	0	5	51	5	43	5	34	5	25	5	16	5	7	4	58	4	48	4	38	4	28	4	17	4	6
44	6	0	5	52	5	43	5	35	5	27	5	18	5	9	5	0	4	51	4	41	4	31	4	21	4	10
45	6	0	5	52	5	44	5	36	5	28	5	19	5	11	5	2	4	53	4	44	4	35	4	25	4	14
46	6	0	5	52	5	45	5	37	5	29	5	21	5	13	5	4	4	56	4	47	4	38	4	28	4	18
47	6	0	5	53	5	45	5	38	5	30	5	22	5	14	5	6	4	58	4	49	4	41	4	31	4	22
48	6	0	5	53	5	46	5	38	5	31	5	23	5	16	5	8	5	0	4	52	4	45	4	35	4	25
49	6	0	5	53	5	46	5	39	5	32	5	25	5	17	5	10	5	2	4	54	4	46	4	38	4	29
50	6	0	5	53	5	47	5	46	5	33	5	26	5	19	5	12	5	4	4	57	4	49	4	41	4	32
52	6	0	5	54	5	47	5	41	5	35	5	28	5	22	5	15	5	8	5	1	4	54	4	46	4	39
54	6	0	5	54	5	48	5	42	5	37	5	31	5	24	5	18	5	12	5	5	4	59	4	52	4	45
56	6	0	5	55	5	49	5	44	5	38	5	33	5	27	5	21	5	15	5	9	5	5	4	57	4	50
58	6	0	5	55	5	50	5	45	5	40	5	35	5	29	5	24	5	19	5	13	5	7	5	2	4	55
60	6	0	5	55	5	51	5	46	5	41	5	37	5	31	5	27	5	22	5	17	5	11	5	6	5	0
62	6	0	5	56	5	51	5	47	5	43	5	38	5	34	5	30	5	25	5	20	5	15	5	10	5	5
64	6	0	5	56	5	52	5	48	5	44	5	40	5	36	5	32	5	28	5	24	5	19	5	15	5	10
66	6	0	5	56	5	53	5	49	5	46	5	42	5	38	5	35	5	31	5	27	5	23	5	19	5	14
68	6	0	5	57	5	54	5	50	5	47	5	44	5	40	5	37	5	33	5	30	5	26	5	22	5	19
70	6	0	5	57	5	54	5	51	5	48	5	45	5	42	5	39	5	36	5	33	5	30	5	26	5	23

TABLE XVI

POUR FAIRE LE POINT

MILLES	Angle de Route																					
	1°		2°		3°		4°		5°		6°		7°		8°		9°		10°		11°	
	N.S.	E.O.	N.S.	E.O.	N.S.	E.O.	N.S.	E.O.	N.S.	E.O.	N.S.	E.O.	N.S.	E.O.	N.S.	E.O.	N.S.	E.O.	N.S.	E.O.	N.S.	E.O.
100	100.0	1.7	99.9	3.5	100.0	5.2	99.8	7.0	99.6	8.7	99.4	10.4	99.2	12.2	99.0	13.9	98.8	15.6	98.5	17.4	98.2	19.1
200	200.0	3.5	199.9	7.0	199.7	10.5	199.5	13.9	199.2	17.4	198.9	20.9	198.5	24.4	198.0	27.8	197.5	31.3	196.9	34.7	196.3	38.2
300	299.9	5.2	299.8	10.5	299.6	15.7	299.3	20.9	298.9	26.1	298.4	31.4	297.8	36.6	297.1	41.7	296.2	46.9	295.5	52.1	294.5	57.2
10	10.0	0.2	10.0	0.3	10.0	0.5	10.0	0.7	10.0	0.9	9.9	1.0	9.9	1.2	9.9	1.4	9.9	1.6	9.8	1.7	9.8	1.9
20	20.0	0.3	20.0	0.7	20.0	1.0	20.0	1.4	19.9	1.7	19.9	2.1	19.9	2.4	19.8	2.8	19.8	3.1	19.7	3.5	19.6	3.8
30	30.0	0.5	30.0	1.0	30.0	1.6	29.9	2.1	29.9	2.6	29.8	3.1	29.8	3.7	29.7	4.2	29.6	4.7	29.5	5.2	29.4	5.7
40	40.0	0.7	40.0	1.4	39.9	2.1	39.9	2.8	39.8	3.5	39.8	4.2	39.7	4.9	39.6	5.6	39.5	6.3	39.4	6.9	39.3	7.6
50	50.0	0.9	50.0	1.7	49.9	2.6	49.9	3.5	49.8	4.4	49.7	5.2	49.6	6.1	49.5	7.0	49.4	7.8	49.2	8.7	49.1	9.5
60	60.0	1.0	60.0	2.1	59.9	3.1	59.9	4.2	59.8	5.2	59.7	6.3	59.6	7.3	59.4	8.4	59.3	9.4	59.1	10.4	58.9	11.4
70	70.0	1.2	70.0	2.4	69.9	3.7	69.8	4.9	69.7	6.1	69.6	7.3	69.5	8.5	69.3	9.7	69.1	11.0	68.9	12.2	68.7	13.4
80	80.0	1.4	80.0	2.8	79.9	4.2	79.8	5.6	79.7	7.0	79.6	8.4	79.4	9.7	79.2	11.1	79.0	12.5	78.8	13.9	78.5	15.3
90	90.0	1.6	89.9	3.1	89.9	4.7	89.8	6.3	89.7	7.8	89.5	9.4	89.3	11.0	89.1	12.5	88.9	14.1	88.6	15.6	88.3	17.2
1	1.0	0.0	1.0	0.0	1.0	0.1	1.0	0.1	1.0	0.1	1.0	0.1	1.0	0.1	1.0	0.1	1.0	0.2	1.0	0.2	1.0	0.2
2	2.0	0.0	2.0	0.1	2.0	0.1	2.0	0.1	2.0	0.2	2.0	0.2	2.0	0.2	2.0	0.3	2.0	0.3	2.0	0.3	2.0	0.4
3	3.0	0.1	3.0	0.1	3.0	0.2	3.0	0.2	3.0	0.3	3.0	0.3	3.0	0.4	3.0	0.4	3.0	0.5	3.0	0.5	2.9	0.6
4	4.0	0.1	4.0	0.1	4.0	0.2	4.0	0.3	4.0	0.3	4.0	0.4	4.0	0.5	4.0	0.6	4.0	0.6	3.9	0.7	3.9	0.8
5	5.0	0.1	5.0	0.2	5.0	0.3	5.0	0.3	5.0	0.4	5.0	0.5	5.0	0.6	5.0	0.7	4.9	0.8	4.9	0.9	4.9	1.0
6	6.0	0.1	6.0	0.2	6.0	0.3	6.0	0.4	6.0	0.5	6.0	0.6	6.0	0.7	5.9	0.8	5.9	0.9	5.9	1.0	5.9	1.1
7	7.0	0.1	7.0	0.2	7.0	0.4	7.0	0.5	7.0	0.6	7.0	0.7	6.9	0.9	6.9	1.0	6.9	1.1	6.9	1.2	6.9	1.3
8	8.0	0.1	8.0	0.3	8.0	0.4	8.0	0.6	8.0	0.7	8.0	0.8	7.9	1.0	7.9	1.1	7.9	1.3	7.9	1.4	7.9	1.5
9	9.0	0.2	9.0	0.3	9.0	0.5	9.0	0.6	9.0	0.8	9.0	0.9	8.9	1.1	8.9	1.3	8.9	1.4	8.9	1.6	8.8	1.7
	E.O.	N.S.	E.O.	N.S.	E.O.	N.S.	E.O.	N.S.	E.O.	N.S.	E.O.	N.S.	E.O.	N.S.	E.O.	N.S.	E.O.	N.S.	E.O.	N.S.	E.O.	N.S.
MILLES	89°		88°		87°		86°		85°		84°		83°		82°		81°		80°		79°	
	Angle de Route																					

TABLE XVI

POUR FAIRE LE POINT

MILLES	Angle de Route																					
	23°		24°		25°		26°		27°		28°		29°		30°		31°		32°		33°	
	N.S.	E.O.	N.S.	E.O.	N.S.	E.O.	N S	E.O.	N.S.	E.O.	N.S.	E.O.	N.S.	E.O.	N.S.	E.O.	N.S.	E.O.	N.S.	P.O.	N.S.	E.O.
100	92.0	39.1	91.3	40.7	90.6	42.3	89.9	43.8	89.1	45.4	88.3	46.9	87.5	48.4	86.6	50.0	85.7	51.5	84.8	53.0	83.9	54.4
200	184.1	84.5	182.7	81.3	181.2	84.5	179.8	87.7	178.2	90.8	176.6	93.9	174.7	97.0	173.2	100.0	171.4	103.0	169.6	106.0	167.7	108.9
300	276.1	117.2	274.1	122.0	271.9	126.8	269.6	131.5	267.5	136.2	264.9	140.8	262.4	145.3	259.8	150.0	255.1	154.5	254.4	159.0	152.0	163.4
10	9.2	3.9	9.1	4.1	9.1	4.2	9.0	4.4	8.9	4.5	8.8	4.7	8.7	4.8	8.7	5.0	9.4	5.7	9.3	5.8	0.2	5.0
20	18.4	7.8	18.3	8.1	18.1	8.5	18.0	8.8	17.8	9.1	17.7	9.4	17.5	9.7	17.3	10.0	17.1	10.3	17.0	10.6	16.8	10.9
30	27.6	11.7	27.4	12.2	27.2	12.7	27.0	13.2	26.7	13.6	26.5	14.1	26.2	14.5	26.0	15.0	25.7	15.5	25.4	15.9	15.2	16.3
40	36.8	15.6	36.5	16.3	36.3	16.9	36.0	17.5	35.6	18.2	35.3	18.8	35.0	19.4	34.6	20.0	34.3	20.6	33.9	21.2	33.5	21.8
50	46.0	19.5	45.7	20.3	45.3	21.1	44.9	21.9	44.6	22.7	44.1	23.5	43.7	24.2	43.3	25.0	42.9	25.8	42.4	26.5	41.9	27.2
60	55.2	23.4	54.8	24.4	54.4	25.4	53.9	26.3	53.5	27.2	53.0	28.2	52.5	29.1	52.0	30.0	51.4	30.9	50.9	31.8	50.3	32.7
70	64.4	27.4	63.9	28.5	63.4	27.6	61.9	30.7	62.4	31.8	61.8	32.9	61.2	33.9	60.6	35.0	60.0	36.1	59.4	38.1	58.7	33.1
80	73.6	31.3	73.1	32.5	72.5	33.8	71.9	35.1	71.3	36.3	60.6	37.6	70.0	38.8	69.3	40.0	68.6	41.2	67.8	42.4	67.1	43.7
90	82.8	35.2	82.2	36.6	81.6	38.0	80.9	39.3	80.2	40.9	79.3	42.3	78.7	43.6	77.9	45.0	7.1	46.4	76.3	47.7	75.5	49.0
1	0.9	0.4	0.9	0.4	0.9	0.4	0.9	0.4	0.9	0.5	0.9	0.5	0.9	0.5	0.9	0.5	0.9	0.5	0.8	0.5	0.8	0.5
2	1.8	0.8	1.8	0.8	1.8	0.8	1.8	0.9	1.8	0.9	1.8	0.9	1.7	1.0	1.7	1.0	1.7	1.0	1.7	1.1	1.7	1.1
3	2.8	1.2	2.7	1.2	2.7	1.3	2.7	1.3	2.7	1.4	2.6	1.4	2.6	1.5	2.6	1.5	2.0	1.5	2.5	1.6	2.5	1.6
4	3.7	1.6	3.7	1.6	3.6	1.7	3.6	1.8	3.6	1.8	3.5	1.9	3.5	1.9	3.5	2.0	3.4	2.1	3.4	2.1	3.4	2.2
5	4.6	2.0	4.6	2.0	4.5	2.1	4.5	2.2	4.5	2.3	4.4	2.3	4.4	2.4	4.3	2.5	4.3	2.6	4.2	2.6	4.2	2.7
6	5.5	2.3	5.5	2.4	5.4	2.5	5.4	2.6	5.3	2.7	5.3	2.8	5.2	2.9	5.2	3.0	5.1	3.1	5.1	3.2	5.0	3.3
7	6.4	2.7	6.4	2.8	6.3	3.0	6.3	3.1	6.2	3.2	6.2	3.3	6.1	3.4	6.1	3.5	6.0	3.6	5.9	3.7	5.9	3.8
8	7.4	3.1	7.3	3.3	7.3	3.4	7.2	3.5	7.1	3.6	7.1	3.8	7.0	3.9	6.9	4.0	6.9	4.1	6.8	4.2	6.7	4.4
9	8.3	3.5	8.2	3.7	8.2	3.8	8.1	3.9	8.0	4.1	7.9	4.2	7.9	4.4	7.8	4.5	7.7	4.6	7.6	4.8	7.5	4.9
	N.S.	N.S.	E.O.	N.S.	E.O.	N.S.	E.O.	N.S.	E.O.	N.S	E.O.	N.S.	E.O.	N.S.	E.O.	N.S.	E.O.	N.S	E.O.	N.S.	E.O.	N.S.
MILLES	67°		66°		65°		64°		63°		62°		61°		60°		59°		58°		57°	
	Angle de Route																					

TABLE XVI

POUR FAIRE LE POINT

MILLES	Angle de Route																					
	12°		13°		14°		15°		16°		17°		18°		19°		20°		21°		22°	
	N.S.	E.O.	N S.	E.O.	N.S.	E.O.	N S.	E.O.	N.S.	E.O.	N.S.	E.O.	N.S.	E.O	N.S	E.O.	N.S.	E.O.	N.S.	E.O.	N.S.	E.O.
100	97.8	20.8	97.4	23.5	97.0	24.1	96.6	25.9	96.1	27.6	95 6	29.2	95.1	30.9	94.5	32.6	94.0	34.2	93.4	35.8	92.7	37.5
200	195.6	41.6	194.7	45.0	194.1	48.4	193.1	55.7	192.2	55.1	191.3	58.	190.2	61.8	189.1	65.1	187.9	68.4	186.7	71.7	185.4	74 9
300	293.4	62.4	292.3	67.5	291.1	72.6	299.8	77.6	288.4	82.5	286 9	87.7	285 3	92.7	283.7	97.7	281.9	102 6	280.1	107.5	278.2	112.4
10	9.8	2 1	9.7	2.2	9.7	2 4	9.7	2.6	9.9	2.8	9.6	2.9	9.5	3.1	9.5	3.3	9.4	3.4	9.3	3.6	9.3	3.7
20	19.6	4.2	19.5	4 5	19.4	4.8	19.3	5.2	19.2	5.5	19.1	5.8	19.0	6.2	18.9	6.5	18 8	6.8	18.7	7.2	18 5	7.5
30	29 3	6 2	29.2	6.7	29.1	7.3	29.0	7.8	28.8	8 3	28.7	8.8	28.5	9.3	28.4	9.8	28 2	10.3	28.0	10.8	27.8	11.2
40	39.1	8.3	39.0	9.0	38 8	9.7	38.6	10.4	38.5	11.0	38.3	11.7	38.0	12.4	37.8	13.0	37.6	13.7	37.3	14.3	37.1	15.0
50	48.9	10.4	48.7	11.2	48.5	12.1	48.3	12.9	48.1	13.8	47.8	14.6	47.6	15.5	47.3	16.3	47.0	17.1	46.7	17.9	46.4	18.7
60	58.7	12.5	58.5	13.5	58.2	14.5	58.0	15.5	57.7	16 5	57.4	17.5	57.1	18.5	56.7	19.5	56.4	20 5	56.0	21.5	55.6	22.5
70	68 5	14.6	68.2	15.7	67.9	16.9	67.6	13.1	67.3	19 3	66.9	20.5	66.6	21.6	66 2	22 8	65 8	23.9	65.4	25.1	64.9	26.2
80	78.3	16.6	77 9	18.0	77.6	19.4	77.3	20.7	76.9	22.1	76.5	23.4	76.1	24.7	75.6	26.0	75.2	27.4	74.7	28.7	74.2	30.0
90	88.0	18 7	87.7	20 2	87.3	21 8	86.9	23.3	86.5	24.8	86.1	26.3	85.6	27.8	85.1	29.3	84.6	30.8	84.0	32.3	83.4	33.7
1	1.0	0.2	1.0	0.2	1.0	0.2	1.1	0.3	1.0	0.3	1.0	0.3	1.0	0.3	0.9	0.3	0.9	0.3	0.9	0.4	0.9	0.4
2	2.0	0.4	1.9	0.4	1.9	0.5	1.9	0.5	1.9	0.6	1.9	0.6	1.9	0.6	1.9	0.7	1.9	0.7	1.9	0.7	1.9	0.7
3	2.9	0.6	2.9	0.7	2.9	0.7	2.9	0.8	2.9	0.8	2.9	0.9	2.9	0.9	2.8	1.0	2.8	1.0	2.8	1.1	2.8	1.1
4	3.9	0.8	3.9	0.9	3.9	1.0	3.9	1.0	3 8	1.1	3.8	1.2	3.8	1.2	3.8	1.3	3.8	1.4	3.7	1.4	3.7	1.5
5	4.9	1.0	4.9	1.1	4.9	1.2	4.8	1.3	4.8	1.4	4.8	1.5	4.8	1.5	4.7	1.6	4.7	1.7	4.7	1.8	4.6	1.9
6	5.9	1.2	5.8	1.3	5.8	1.5	5.8	1.6	5.8	1.7	5.7	1.8	5.7	1.9	5.7	2.0	5.6	2.1	5.6	2.2	5.6	2.2
7	6.8	1.5	6.8	1.6	6.8	1.7	6 8	1.8	6.7	1.9	6.7	2.0	6.7	2.2	6.6	2.3	6.6	2.4	6.5	2.5	6.5	2.6
8	7.8	1.7	7.8	1.8	7.8	1.9	7.7	2.1	7.7	2.2	7.7	2.3	7.6	2.5	7.6	2.6	7.5	2.7	7.5	2.9	7.4	3.0
9	8.8	1.9	8.8	2.0	8.7	2.2	8.7	2.3	8.7	2.5	8.6	2.6	8.6	2.8	8.5	2.9	8.5	3.1	8.4	3.2	8.3	3.4
MILLES	E.O.	N.S.	E.O.	N.S.	E.O.	N.S.	E.O.	N.S.	E.O.	N.S.	E.O.	N.S.	E.O.	N.S.	E.O.	N.S.	E.O.	N.S.	E O.	N.S.	E.O.	N.S.
	78°		77°		76°		75°		74°		73°		72°		71°		70°		69°		68°	
	Angle de Route																					

TABLE XVI

POUR FAIRE LE POINT

MILLES	Angle de Route																					
	34°		35°		36°		37°		38°		39°		40°		41°		42°		43°		44°		45°
	N.S.	E.O.	N	E.O.	N.S.	E.O.	N.S.	E.O.	N.S.	E.O.	N.S.	E.O.	N.S.	E.O.	N.S.	E.O.	N.S.	E.O.	N.S.	E.O.	N.S.	E.O.	N.S.E.O.
100	82.9	55.9	81.9	57.4	80.9	58.7	79.9	60.2	78.8	61.6	77.7	62.9	76.6	64.3	75.5	65.6	74.3	66.9	73.1	68.5	71.9	69.5	70.5
200	165.8	111.8	163.8	114.7	161.8	117 6	159.7	120.4	157.6	123.1	155.5	125.9	153.2	128.6	150.9	131.2	149.0	133.8	146.3	136.4	143.9	138.9	141.4
300	248.7	167.8	245.7	172.1	242.7	176.3	239.6	180.5	236.4	184.7	233.1	188.8	229.8	192.8	226.4	196.8	222.9	200.7	219.4	204.6	215.8	208.4	212.1
10	8.3	5.4	8.2	5.7	8.1	5.9	8.0	6.0	7.9	6.2	7.8	6.3	7.7	6.4	7.5	6.6	7.4	6.7	7.3	6.8	7.2	6.9	7.1
20	16.5	11.2	16.4	11.5	16.2	11.8	16.0	12.0	15.8	12.3	15.5	12.6	15.3	12.9	15.1	13.1	14.9	13.4	14.6	13.6	14.4	13.9	14.1
30	24.9	16.8	24.6	17.2	24.3	17.6	24.0	18.1	23.6	18.5	23.3	18.9	23.0	19.3	22 6	19.7	22.3	20.1	21.9	20.5	21.6	20 8	21.2
40	33.2	22.4	32.8	22.9	32.4	23.5	31.9	24.1	31.5	24.6	31.1	25.2	30.6	25.7	30 2	26.2	29.7	26.8	29.3	27.3	28.8	27.8	28.3
50	41.5	28.0	41.0	28.7	40.5	29.4	39.9	30.1	39.4	30.8	38.9	31.5	38.3	32.1	37.7	32.8	37 2	33.5	36.6	34.1	36.0	34.7	35.4
60	49.7	33.6	49.1	34.4	48.5	35.3	47.9	36.1	47.3	36.9	46.6	37.8	46.0	38.6	45.3	39.4	44.6	40.1	43.9	40.9	43.2	41.7	42.4
70	58.0	39.1	57.3	40.2	56.6	41.1	55.9	42.1	55.2	43.1	54.4	44.1	53.6	45.0	52.8	45.9	52.0	46.8	51.2	47.7	50.4	48.6	49.5
80	66.3	44.7	65.5	45.9	64.7	47.0	63.9	48.1	63.0	49.3	62.2	50.3	61.3	51.4	60.4	52.5	59.5	53.5	58.5	54.6	57.5	55.6	56.6
90	74.6	50.3	73.7	51.6	72.8	52.9	71.9	54.2	70.9	55.4	69.9	56.6	68.9	57.9	67.9	59.0	66.9	60.2	65.8	61.4	64.7	62.5	63.6
2	0.8	0.6	0.8	0.6	0.8	0.6	0.8	0.6	0.8	0.6	0.8	0.6	0.8	0.6	0.8	0.7	0.7	0.7	0.7	0.7	0.7	0.7	0.7
3	1.7	1.1	1.6	1.1	1.6	1.2	1.6	1.2	1.6	1.2	1.5	1.3	1.5	1.3	1.5	1.3	1.5	1.3	1.5	1.4	1.4	1.4	1.4
4	2.5	1.7	2.5	1.7	2.6	1.8	2.4	1.8	2.4	1.8	2.3	1.9	2.3	1.9	2.3	2.0	2.2	2.0	2.2	2.0	2.2	2.1	2.1
5	3.3	2.2	3.3	2.3	3.4	2.4	3.2	2.4	3.2	2.5	3.1	2.5	3.1	2.6	3.0	2.6	3.0	2.7	2.9	2.7	2.9	2.8	2.8
	4.1	2.8	4.1	2.9	4.0	2.9	4.0	3.0	3.9	3.1	3.9	3.1	3.8	3.2	3.8	3.3	3.7	3.3	3.7	3.4	3.6	3.5	3.5
6	5 0	3.4	4.9	3.4	4.9	3.5	4.8	3.6	4.7	3.7	4.7	3.8	4.6	3.9	4.5	3.9	4.5	4.0	4.4	4.1	4.3	4.2	4.2
7	5.8	3.9	5.7	4.0	5.7	4.1	5.6	4.2	5.5	4.3	5.4	4.4	5.4	4.5	5.3	4.6	5.2	4.7	5.1	4.8	5.0	4.9	4.9
8	6.6	4.5	6.6	5.6	6.5	4.7	6.4	4.8	6.3	4.9	6.2	5 0	6.1	5.1	6.0	5.2	5.9	5.4	5.9	5.5	5.8	5.6	5.7
9	7.5	5.0	7.4	5·2	7.3	5.3	7.2	5.4	7.1	5.5	7.0	5.7	6.9	5.8	6.8	5.9	6.7	6.0	6.6	6.1	6.5	6.3	6.4
MILLES	E.O.	N.S.	E.O.	N.S.	E.O.	N.S.	E.O.	N.S.	E.O.	N.S.	E.O.	N.S.	E.O.	N.S.	E.O.	N.S.	E.O.	N.S.	E.O.	N.S.	E.O.	N.S.	N.S.E.O.
	56°		55°		54°		53°		52°		51°		50°		49°		48°		47°		46°		45°
	Angle de Route																						

TABLE XVII

Nombre par lequel on multiplie les Milles E.O. pour les convertir en Minutes de longitude.

Latitude moyenne	Multiplicateur	Latitude moyenne	Multiplicateur	Latitude moyenne	Multiplicateur	Latitude moyenne	Multiplicateur	Latitude moyenne	Multiplicateur	Latitude moyenne	Multiplicateur	Latitude moyenne	Multiplicateur	Latitude moyenne	Multiplicateur
°		°		°		°		°		°		°		°	
0	1.00	10	1.01	20	1.06	30	1.15	40	1.30	50	1.55	60	2.00	70	2.92
1	1.00	11	1.02	21	1.07	31	1.17	41	1.32	51	1.59	61	2.06	71	3.07
2	1.00	12	1.02	22	1.08	32	1.18	42	1.35	52	1.62	62	2.13	72	3.24
3	1.00	13	1.03	23	1.09	33	1.19	43	1.37	53	1.66	63	2.20	73	3.42
4	1.00	14	1.03	24	1.09	34	1.21	44	1.39	54	1.70	64	2.28	74	3.63
5	1.00	15	1.03	25	1.10	35	1.22	45	1.41	55	1.74	65	2.36	75	3.86
6	1.00	16	1.04	26	1.11	36	1.24	46	1.44	56	1.79	66	2.46	76	4.13
7	1.00	17	1.05	27	1.12	37	1.25	47	1.47	57	1.84	67	2.56	77	4.45
8	1.00	18	1.05	28	1.13	38	1.27	48	1.49	58	1.89	68	2.67	78	4.81
9	1.00	19	1.06	29	1.14	39	1.29	49	1.52	59	1.99	69	2.79	79	5.24

EXPLICATION

ET

USAGE DES TABLES

TABLE I

CONVERSION DES DEGRÉS EN HEURES

Cette Table est composée de trois parties : la première donne le nombre d'heures et minutes équivalent à un nombre quelconque de degrés ; la seconde partie donne les minutes et secondes équivalentes à un nombre de minutes de degré ; et la troisième sert à convertir les secondes de degré en secondes d'heures et centièmes.

Soit proposé de convertir 161° 23' 17" en heures, minutes, etc.

On trouve dans la Table : pour 161°	$10^h 44^m$
23'	$1\ 32^s$
17"	1.13
Nombre demandé	10 45 33.13

TABLE II

CONVERSION DES HEURES EN DEGRÉS

Le jeu de cette Table est analogue à celui de la précédente : on trouve dans la première partie le nombre de degrés équivalent à un nombre quelconque d'heures ; dans la deuxième, le nombre de degrés et de minutes contenus dans un nombre quelconque de minutes de temps ; dans la troisième, le nombre de minutes et secondes de degré équivalent à un certain nombre de secondes de temps ; enfin, la quatrième sert à convertir les décimales de secondes en secondes de degrés.

Exemple : Convertir 19h 33m 17s,28 en degrés, minutes, etc.

La Table donne : pour	19h	285°
	33m	8 15'
	17s	4 15"
	0.28	4 2
Nombre demandé		293 19 19 2

TABLE III

CONVERSION DU TEMPS MOYEN EN TEMPS SIDÉRAL

Soit proposé de convertir en temps sidéral un intervalle donné 5h 34m 25s,3 temps moyen.

Intervalle T.M.		5h 34m 25s 3
Partie proportionnelle pour	5h	49.28
	34m	5.59
	25s	0.07
Intervalle T.S.		5 35 20 24

Cette Table sert aussi à calculer les parties proportionnelles de l'ascension droite moyenne. Voyez les Préliminaires.

TABLE IV

CONVERSION DU TEMPS SIDÉRAL EN TEMPS MOYEN

Soit proposé de convertir en temps moyen un intervalle donné 9h 17m 56s,8 temps sidéral.

Intervalle T.S.			9h 17m 56s 8
Partie proportionnelle pour	9h	1m 28s 47	
	17m	2.79	
	57s	0.16	
Partie proportionnelle totale		1 31.42	— 1 31.4
Intervalle T.M.			9 16 25.4

TABLE V

DÉPRESSION ET DISTANCE DE L'HORIZON VISUEL

On entre dans cette Table avec l'élévation de l'œil au-dessus du niveau de la mer : on trouve, dans la colonne à côté, la dépression correspondante, et, dans la troisième colonne à droite, la distance en milles à laquelle se trouve le terme de l'horizon.

TABLE VI

RÉFRACTION MOYENNE

Cette Table contient quatre colonnes : on trouve dans la première la hauteur apparente, qui est l'argument de la Table ; en regard de la hauteur apparente, dans la deuxième colonne, se trouve la réfraction moins la parallaxe du Soleil, correspondante à cette hauteur ; et, dans la quatrième colonne, la réfraction moyenne astronomique ou la réfraction pour les Etoiles. Dans la troisième colonne on trouve la variation de la réfraction correspondant à 1' de changement en hauteur. Les exemples suivants suffisent pour montrer l'usage de cette Table.

Exemple 1 : La hauteur apparente du Soleil étant 8° 16', on demande la réfraction moins parallaxe correspondante à cette hauteur.

Réfraction—parallaxe pour 8° 10''	6' 18''6	
Partie proportionnelle pour 6'	— 4 3	Cette partie proport. s'obtient en multipliant par 6 la différence 0'',17 donnée pour 1'.
Réfraction—parallaxe	6 14.3	

Exemple 2 : La hauteur apparente du Soleil étant 26° 43', on demande la réfraction moins parallaxe correspondante à cette hauteur.

Réfraction—parallaxe pour 26°	1' 51''3	
Partie proportionnelle pour 43'	— 3.4	Cette partie proport. s'obtient en multipliant par 43 la différence 0'',08 donnée pour 1'.
Réfraction—parallaxe	1 47.9	

Exemple 3 : La hauteur d'une Etoile étant 36° 31', on demande la réfract. correspondante à cette haut^r.

Réfraction pour 36°	1' 20''1	
Partie proportionnelle pour 31'	— 1 5	Cette partie proport. s'obtient en multipliant par 31 la différence 0''03 donnée pour 1'.
Réfraction demandée	1 18 6	

TABLE VII

PARALLAXE DES PLANÈTES A DIVERS DEGRÉS DE HAUTEUR

Les parallaxes horizontales des Planètes ayant pour maximum 34'', il sera facile, au moyen de la Table VII, de se procurer leurs parallaxes en hauteur.

Exemple 1 : La parallaxe horizontale de Vénus étant 32'',8 et la hauteur de 27°, on demande la parallaxe en hauteur.

Pour 10'' et 27° de hauteur on a	8.9
10	8.9
10	8.9
2	1.8
0.8	0.7
Parallaxe demandée	29.2

Exemple 2 : La hauteur de Mars étant 42° et la parallaxe horizontale de 10'',5, on demande la parallaxe en hauteur.

Pour 10'' et 42° de hauteur on a	7''4
9	6.7
0.5	0.4
Parallaxe demandée	14.5

TABLE VIII

CORRECTION ADDITIVE A FAIRE A LA HAUTEUR OBSERVÉE DU BORD INFÉRIEUR DU SOLEIL POUR OBTENIR LA HAUTEUR VRAIE DU CENTRE

Cette Table ne demande aucune explication. Voyez le type n° 3.

TABLE IX

POUR CORRIGER PROMPTEMENT QUELQUES ÉLÉMENTS DE LA CONN^ce DES TEMPS

Cette Table sert à calculer les parties proportionnelles de tous les petits changements diurnes des éléments de la Connaissance des Temps. On peut aussi s'en servir pour obtenir promptement la partie proportionnelle d'un changement diurne quelconque, dans les calculs qui ne demandent pas une grande précision.

Les changements diurnes ou les différences sont placées dans la première ligne horizontale supérieure, et s'y trouvent données en deux parties, l'une contenant les dixaines et l'autre les unités. On prend dans la colonne verticale de gauche le nombre d'heures pour lesquelles on veut obtenir la partie proportionnelle.

Exemple 1 : La marche diurne d'un chronomètre étant $18^s,6$, on demande la partie proportionnelle pour $13^h 34^m$.

Pour $13^h 34^m$ et 10^s .... $5^s.7$
8 .... 4.5
0.6 .... 0.4
Partie proportionnelle 10.6

Exemple 2 : On demande la partie proportionn. de l'équation du temps le 19 Septembre à $9^h 15^m$, le changement diurne étant $21^s,1$.

Pour $9^h 15^m$ et 20^s 7.7
1 .... 0.4
0.1 .... 0.04
Partie proportionnelle 8.14

Exemple 3 : La différence entre deux passages de la Lune au méridien est 53^m, on demande la partie proportionnelle pour 93° de longitude.

Pour 93° et 50^m .... 13^m
3 .... 0 7
Partie proportionnelle 13.7

Exemple 4 : Du 15 au 16 Septembre le changement en déclinaison est 23',1, on demande la partie proportionnelle pour $9^h 54^m$.

Pour $9^h 54^m$ et 20' 8.3
3 .... 1.2
0.1 .... —
Partie proportionnelle 9.5

Cette Table peut donner encore les parties proportionnelles de la parallaxe horizontale de la Lune et du demi-diamètre horizontal. Il suffit pour cela, d'entrer dans la Table avec le double de l'heure pour laquelle on demande la partie proportionnelle.

Exemple 5 : La parallaxe horizontale de la Lune varie en 12^h de 25'', on demande la variation en $5^h 25^m$, dont le double est $10^h 50^m$.

Pour $10^h 50^m$ et 20'' 9.0
5 .... 2.2
Partie proportionnelle 11.2

Exemple 6 : Le demi-diamètre horizontal de la Lune varie en 12^h de 14'', on demande la partie proportionnelle pour $9^h 47^m$, dont le double est $19^h 34^m$.

Pour $19^h 34^m$ et 10'' 8.2
4 .... 3.3
Partie proportionnelle 11.5

TABLE X

DIMINUTION DE LA PARALLAXE ÉQUATORIALE

La Connaissance des Temps donne la parallaxe horizontale calculée sur le rayon de l'Equateur ou sur le plus grand rayon de la Terre ; on trouve dans cette Table la réduction qu'il faut lui faire subir pour avoir celle d'une latitude quelconque.

TABLE XI

AUGMENTATION DU DEMI-DIAMÈTRE HORIZONTAL DE LA LUNE

Le demi-diamètre de la Lune est donné dans la Connaissance des Temps tel qu'il serait vu du centre de la Terre; mais vu de la surface, il doit paraître plus grand, parce que, à la surface, l'observateur se trouve plus près de la Lune que s'il l'observait du centre : l'augmentation qu'il faut donner au demi-diamètre pour le rendre tel qu'il est vu par l'observateur, se trouve exprimée en secondes dans cette Table, elle est correspondante au demi-diamètre horizontal porté au haut de la Table, et à la hauteur apparente portée dans la première colonne verticale à gauche.

TABLE XII

ACCOURCISSEMENT

La réfraction atmosphérique, variant avec la hauteur, agit inégalement sur les différents points des disques du Soleil et de la Lune; il en résulte, dans la forme visible de ces astres, un aplatissement dans le sens vertical qui est très sensible aux environs de l'horizon. Cette Table fait connaître la quantité d'accourcissement que subit le demi-diamètre vertical à divers degrés de hauteur.

TABLE XIII

PARALLAXE DE LA LUNE, MOINS LA RÉFRACTION

La remarque et l'exemple placés au bas de cette table en expliquent l'usage.

TABLE XIV

DIFFÉRENCE ASCENSIONNELLE

Elle sert à trouver l'heure approchée du lever vrai d'un astre.

TABLE XV

ANGLE HORAIRE D'UN ASTRE AU MOMENT LE PLUS FAVORABLE POUR DÉTERMINER L'HEURE

Lorsqu'on veut déterminer l'heure par la hauteur absolue d'un astre, l'heure de l'observation ne saurait être indifférente : en effet, les hauteurs mesurées à la mer étant toujours entachées d'erreurs plus ou moins grandes, les angles horaires calculés sur ces hauteurs seront d'autant moins défectueux que le mouvement en hauteur sera plus rapide, ou que l'erreur commise sur la hauteur correspondra à un plus petit intervalle de temps. La Table fait connaître quel est l'angle horaire de l'astre au moment où le mouvement ascensionnel est le plus grand. On en conclura donc l'heure la plus convenable aux observations.

Lorsque la latitude et la déclinaison ne sont pas de même dénomination, l'instant le plus favorable est celui qui répond aux plus petites hauteurs.

Exemple 1: La latitude du lieu étant 28° N. et la déclinaison du Soleil 12° boréale, on demande l'instant le plus convenable pour observer le Soleil, afin d'en conclure l'heure.

En faisant cadrer 12° de déclinaison avec 28° de latitude, on trouve 4^h 26^m pour angle horaire.

L'heure la plus favorable sera donc midi ± 4^h 26^m
c'est-à-dire 4^h 26^m du soir
ou 7 34 du matin.

Exemple 2: La latitude d'un lieu étant 28° S. et la déclinaison du Soleil 21° australe, on demande l'instant le plus favorable pour observer le Soleil, afin d'en conclure l'heure.

En faisant cadrer 12° de déclinaison avec 6° de latitude, on trouve (*à vue*) 4^h 56^m pour angle horaire.

L'heure la plus favorable sera donc midi ± 4^h 56^m
c'est-à-dire 4^h 56^m du soir
ou 7 04 du matin.

TABLE XVI

POUR FAIRE LE POINT

Cette Table donne la réduction des milles courus en milles N.-S. et en milles E.-O. Les milles courus y sont donnés par dizaines, centaines et unités.

Exemple 1: On a couru 187 milles au N. 32° E. (corrigé de la dérive et de la variation), on demande la quantité de milles N.-S. et E.-O. correspondants.

	N.	E.
Pour 33° et 100 milles	83.9	54.4
80	67.1	43.6
7	5.9	3.8
Milles correspondants	156.9	101.8

Exemple 2: Ayant couru 225 milles au S. 52° E. (corrigé de la dérive et de la variation), on demande la quantité de milles N.-S. et E.-O. correspondants.

	S.	E.
Pour 52° et 200 milles	123.1	157.6
20	12.3	15.8
5	3.1	3.9
Milles demandés	138.5	177.3

TABLE XVII

NOMBRE PAR LEQUEL ON MULTIPLIE LES MILLES E. O. POUR LES CONVERTIR EN MINUTES DE LONGITUDE

En multipliant les milles E.-O. par le multiplicateur de cette Table, pris à côté de la latitude moyenne, on obtient le changement en longitude correspondant.

TYPE DU CALCUL POUR FAIRE LE POINT

Etant partis de 45° 23' lat. N. et 52° 21' long. O., on a couru les routes suivantes; la variation étant 22° N.-O.

Routes au compas	*Dérive*	*Milles courus*
N. 72° E.	10° B.	86
S. 25 O.	5 T.	115
S. 40 E.	0	48

On demande le point d'arrivée.

Routes au Compas	Routes corrigées	Milles	N.	S.	E.	O.
N. 72° E.	N. 40° E.	80	61.3	—	51.4	—
		6	4.6	—	3.9	—
S. 25 O.	S. 8 O.	100	—	99.0	—	13.9
		10	—	9.9	—	1.4
		5	—	5.0	—	0.7
S. 40 E.	S. 62 E.	40	—	18.8	35.3	—
		8	—	3.8	7.1	—
			65.9	136.5	97.7	16.0
				65.9	16.0	
				70.6	81.7	

Latitude de départ	45°22′ N	
Chemin N.-S.	1 30.6 S	
Latitude d'arrivée	43 51.4	
Somme des latitudes	89 13.4	
Latitude moyenne	44 36.7	Le multiplicat[r] correspond[t] Est (T. XVII) 1.40.
Milles à l'Est	81 7	
Multiplicateur	1 40	
	32 680	
	81 7	
Produit	114.380	ou 1°54′ 4 E.
Longitude de départ		52 21 O.
Longitude d'arrivée		50 26 6 O.